人工智能技术与应用

主　编　陈亚娟　胡　竞　周福亮
副主编　韩洋祺　郑亚清　廖国敏
　　　　贾文杰　油　飞　汪小平

北京理工大学出版社
BEIJING INSTITUTE OF TECHNOLOGY PRESS

内 容 简 介

本书以优化知识结构、培养解决问题的能力为出发点，以实施素质教育、培养学生具有新一代人工智能应用意识为目标，以培养学生创新精神、创业能力为重点，以企业人才需求构建新的知识体系为主线。全书共 12 个单元，分为 3 篇：智慧城市篇、智慧产业篇、智慧服务篇。分别以智慧安防、智慧交通、智慧楼宇、智慧政务、智慧能源、智慧商业、智慧制造、智慧农业、智慧医疗、智慧教育、智慧娱乐、智慧终端 12 个应用场景来说明人工智能的应用，涉及到的基础技术包括人脸识别、车联网、物联网、云计算、分布式、大数据、机器人、机器视觉、5G 技术、机器学习、VR 技术和智能手机等。

本书适合作为各专业开设的人工智能通识课程的教材使用，也可供人工智能爱好者阅读和参考。

版权专有　侵权必究

图书在版编目（CIP）数据

人工智能技术与应用 / 陈亚娟，胡竞，周福亮主编. --北京：北京理工大学出版社，2021.10（2024.1重印）
ISBN 978-7-5763-0595-1

Ⅰ. ①人… Ⅱ. ①陈… ②胡… ③周… Ⅲ. ①人工智能 Ⅳ. ①TP18

中国版本图书馆 CIP 数据核字（2021）第 220394 号

出版发行 / 北京理工大学出版社有限责任公司	
社　　址 / 北京市海淀区中关村南大街 5 号	
邮　　编 / 100081	
电　　话 /（010）68914775（总编室）	
（010）82562903（教材售后服务热线）	
（010）68944723（其他图书服务热线）	
网　　址 / http://www.bitpress.com.cn	
经　　销 / 全国各地新华书店	
印　　刷 / 涿州市新华印刷有限公司	
开　　本 / 787 毫米×1092 毫米　1/16	
印　　张 / 11.25	责任编辑 / 李慧智
字　　数 / 260 千字	文案编辑 / 李慧智
版　　次 / 2021 年 10 月第 1 版　2024 年 1 月第 4 次印刷	责任校对 / 周瑞红
定　　价 / 39.80 元	责任印制 / 施胜娟

图书出现印装质量问题，请拨打售后服务热线，本社负责调换

前言

由于计算机科学技术的飞速发展,计算机技术的应用已渗透到各行各业,给人类生活带来了翻天覆地的变化。人工智能作为计算机科学的一个分支,已形成成熟的商品投入市场,广泛应用于工业、农业、医学、商业、教育等不同领域并取得了许多实际成效。随着研究的深入,人工智能正向各个领域渗透,带来这些领域的更新换代。人工智能的发展还有助于我们进一步理解人类智能的机制。所有这一切都将促进和加快社会经济的发展。

由于这一领域的重要性,已经有越来越多的高职院校将其列为各专业必修课。本课程的讲授应从基础出发,让学生通过课程的学习对人工智能的产生、发展、研究领域以及基本思想、基本方法与技术有所了解,为他们今后在这些领域的继续深造或更好地应用这些领域的成果打下扎实的基础。但长期以来相应的书籍与教材却不是很多,即便有,也大多是侧重理论与研究方面的,直接用作高职院校的教材不是太合适。本书的编写,正好弥补了这一不足。

本书主要面向非计算机专业的读者,让读者了解人工智能历史和未来发展方向,理解人工智能常用术语,熟悉人工智能市场需求,培养人工智能应用意识。

本书以优化知识结构、培养解决问题的能力为出发点,以实施素质教育、培养学生具有新一代人工智能应用意识为目标,以培养学生创新精神、创业能力为重点,以企业人才需求构建新的知识体系为主线。全书主体部分共12单元,分为3篇:智慧城市、智慧产业、智慧服务。分别以智慧安防、智慧交通、智慧楼宇、智慧政务、智慧能源、智慧商业、智慧制造、智慧农业、智慧医疗、智慧教育、智慧娱乐、智慧终端12个应用场景来说明人工智能的应用,涉及的基础技术包括人脸识别、车联网、物联网、云计算、分布式技术、大数据、工业机器人、5G技术、机器学习、虚拟现实技术和集成电路等。

本书以朴素的语言和浅显的例子,用图文并茂的形式,向读者生动展示新一代人工智能的专业知识,构成一个教与学的互动系统,让学习资源交互、联动起来。本书具有以下特点:

1)先进性。科技进步瞬息万变,本书通过辅助材料让读者实时了解行业、企业最新技术动态和人才需求动态。

2）针对性。因为本书是面向多专业背景的读者，所以书中的知识点根据不同专业进行了针对性的解释。

3）系统性。本书内容按人工智能知识体系安排。

本书由陈亚娟、胡竞、周福亮任主编，负责全书的统稿和定稿，由韩洋祺、郑亚清、廖国敏、贾文杰、油飞和汪小平任副主编。在本书的编写过程中得到了重庆建筑科技职业学院领导和老师的大力支持和帮助，在此一并表示衷心感谢。本书在编写过程中参考了大量的文献资料，参考借鉴了许多图片资料，在此向文献资料的作者致以诚挚的谢意。

本书需要一个动态调整的长期过程来不断完善和提高，尤其是随着人工智能技术的进步与应用场景的日益广泛，需不断补充完善更多的应用项目。由于编者水平有限，书中难免存在错误和不妥之处，敬请读者批评指正。

编 者

目 录

绪论　走进人工智能 ·· 1
0.1　人工智能的概念 ·· 1
0.2　人工智能发展历程 ·· 2
0.3　人工智能的产业结构 ··· 3
0.4　人工智能时代需要的人才 ··· 4

第一篇　智慧城市

单元 1　智慧安防 ·· 9
1.1　背景引入 ··· 9
1.2　核心内涵 ·· 11
 1.2.1　智慧安防的概念 ·· 11
 1.2.2　智慧安防的特点 ·· 12
1.3　应用案例 ·· 12
1.4　基础技术 ·· 16
 1.4.1　智能视频识别技术 ··· 16
 1.4.2　人脸识别技术 ·· 18
 1.4.3　人脸识别技术的应用 ··· 19
习题 1 ·· 19

单元 2　智慧交通 ··· 20
2.1　背景引入 ·· 20
2.2　核心内涵 ·· 21
 2.2.1　智慧交通的概念 ·· 21
 2.2.2　智慧交通系统 ·· 21
2.3　应用案例 ·· 25

2.4 基础技术 ... 28
2.4.1 智能汽车技术 ... 28
2.4.2 车联网 ... 31
习题 2 ... 34

单元 3　智慧楼宇 ... 35
3.1 背景引入 ... 35
3.2 核心内涵 ... 36
3.2.1 智慧楼宇的概念 ... 36
3.2.2 智慧楼宇的组成 ... 36
3.2.3 智慧楼宇分类 ... 37
3.2.4 智慧楼宇的特点 ... 38
3.2.5 智慧楼宇的功能 ... 38
3.3 应用案例 ... 39
3.3.1 智慧楼宇的应用场景 ... 39
3.3.2 智慧楼宇的产品形态 ... 43
3.4 基础技术 ... 44
3.4.1 物联网概念 ... 44
3.4.2 物联网技术架构 ... 45
3.4.3 物联网关键技术 ... 46
习题 3 ... 48

单元 4　智慧政务 ... 49
4.1 背景引入 ... 49
4.2 核心内涵 ... 50
4.2.1 智慧政务的概念 ... 50
4.2.2 智慧政务的基本特征 ... 50
4.2.3 智慧政务的服务内容 ... 51
4.3 应用案例 ... 52
4.3.1 智慧政务的应用场景 ... 52
4.3.2 智慧政务的主要应用设备 ... 55
4.4 基础技术 ... 57
4.4.1 云计算的概念 ... 57
4.4.2 云计算的特点 ... 58
4.3.3 云计算的应用 ... 59
习题 4 ... 62

第二篇　智慧产业

单元 5　智慧能源 ········ 65
5.1　背景引入 ········ 65
5.2　核心内涵 ········ 66
5.2.1　智慧能源的概念 ········ 66
5.2.2　智慧能源的特征 ········ 67
5.2.3　智慧能源体系 ········ 67
5.2.4　智慧能源架构 ········ 68
5.3　应用案例 ········ 70
5.3.1　能源智慧生产 ········ 70
5.3.2　能源智慧营销 ········ 72
5.3.3　能源智慧管理 ········ 73
5.4　基础技术 ········ 74
5.4.1　分布式技术 ········ 74
5.4.2　区块链技术 ········ 77
习题 5 ········ 77

单元 6　智慧商业 ········ 78
6.1　背景引入 ········ 78
6.2　核心内涵 ········ 78
6.2.1　智慧商业的概念 ········ 78
6.2.2　智慧商业的特征 ········ 79
6.2.3　智慧商业的核心点 ········ 80
6.3　应用案例 ········ 81
6.3.1　智慧可视化 ········ 81
6.3.2　智慧感知 ········ 81
6.3.3　智慧联动 ········ 83
6.4　基础技术 ········ 83
6.4.1　大数据 ········ 83
6.4.2　智慧物流 ········ 86
习题 6 ········ 88

单元 7　智慧制造 ········ 89
7.1　背景引入 ········ 89
7.2　核心内涵 ········ 90
7.2.1　智慧制造的概念 ········ 90
7.2.2　智慧制造的特征 ········ 91

  7.2.3 智慧制造的体系 ············ 91
 7.3 应用案例 ····················· 92
 7.4 基础技术 ····················· 94
  7.4.1 工业机器人的组成 ············ 94
  7.4.2 工业机器人的特点 ············ 95
  7.4.3 工业机器人的分类 ············ 95
  7.4.4 工业机器人的未来发展方向 ······ 99
 习题 7 ······························ 100

单元 8 智慧农业 ···················· 101

 8.1 背景引入 ····················· 101
 8.2 核心内涵 ····················· 102
  8.2.1 智慧农业的概念 ············· 102
  8.2.2 智慧农业发展方向 ············ 102
 8.3 应用案例 ····················· 104
 8.4 基础技术 ····················· 106
  8.4.1 农业工业化 ··············· 106
  8.4.2 自动检测技术 ·············· 109
  8.4.3 农业信息传感器 ············· 110
 习题 8 ······························ 115

第三篇 智慧服务

单元 9 智慧医疗 ···················· 119

 9.1 背景引入 ····················· 119
 9.2 核心内涵 ····················· 119
  9.2.1 智慧医疗的概念 ············· 119
  9.2.2 智慧医疗技术特征 ············ 121
  9.2.3 智慧医疗发展优势 ············ 122
 9.3 应用案例 ····················· 123
 9.4 基础技术 ····················· 125
  9.4.1 5G 技术发展背景与历程 ········· 125
  9.4.2 5G 关键技术与性能指标 ········· 127
  9.4.3 5G 技术应用领域 ············ 130
 习题 9 ······························ 132

单元 10 智慧教育 ··················· 133

 10.1 背景引入 ···················· 133
 10.2 核心内涵 ···················· 134

		10.2.1	智慧教育的概念	134
		10.2.2	智慧教育的特点	135
		10.2.3	智慧教育发展趋势	136
	10.3	应用案例		136
	10.4	基础技术		138
		10.4.1	机器学习	138
		10.4.2	人工神经网络	140
	习题 10			142

单元 11　智慧娱乐　143

11.1	背景引入		143
11.2	核心内涵		144
	11.2.1	智慧娱乐方式	144
	11.2.2	智慧娱乐设备	147
11.3	应用案例		149
11.4	基础技术		150
	11.4.1	虚拟现实的发展史	150
	11.4.2	虚拟现实的概念	151
	11.4.3	虚拟现实系统的分类	151
	11.4.4	虚拟现实关键技术	152
习题 11			156

单元 12　智慧终端　157

12.1	背景引入		157
12.2	核心内涵		158
	12.2.1	智慧终端的概念	158
	12.2.2	智慧终端的分类	159
	12.2.3	智慧终端发展趋势	162
12.3	应用案例		163
12.4	基础技术		165
	12.4.1	集成电路的概念	165
	12.4.2	集成电路的分类	166
	12.4.3	集成电路的应用领域	167
	12.4.4	集成电路发展趋势	168
习题 12			169

参考文献　170

绪论

走进人工智能

0.1 人工智能的概念

人工智能的定义可以分为两部分，即"人工"和"智能"。"人工"比较好理解，争议也不大。有时我们会考虑什么是人力所能及制造的，或者人自身的智能程度有没有高到可以创造人工智能的地步，等等。但总的来说，"人工"就是通常意义下的人工系统。

关于什么是"智能"，就问题多多了。这涉及其他诸如意识（Consciousness）、自我（Self）、思维（Mind，包括无意识的思维（Unconscious Mind））等问题。人唯一了解的智能是人本身的智能，这是普遍认同的观点。但是我们对我们自身智能的理解非常有限，对构成人的智能的必要元素也了解有限，所以就很难定义什么是"人工"制造的"智能"了。因此人工智能的研究往往涉及对人的智能本身的研究。其他关于动物或其他人造系统的智能也普遍被认为是人工智能相关的研究课题。

人工智能在计算机领域内，得到了愈加广泛的重视，并在机器人、经济政治决策、控制系统、仿真系统中得到应用。

尼尔逊教授对人工智能下了这样一个定义："人工智能是关于知识的学科——怎样表示知识以及怎样获得知识并使用知识的科学。"而美国麻省理工学院的温斯顿教授认为："人工智能就是研究如何使计算机去做过去只有人才能做的智能工作。"这些说法反映了人工智能学科的基本思想和基本内容。即人工智能是研究人类智能活动的规律，构造具有一定智能的人工系统，研究如何让计算机去完成以往需要人的智力才能胜任的工作，也就是研究如何应用计算机的软硬件来模拟人类某些智能行为的基本理论、方法和技术。

人工智能是计算机学科的一个分支，20世纪70年代以来被称为世界三大尖端技术（空间技术、能源技术、人工智能）之一。也被认为是21世纪三大尖端（基因工程、纳米科学、人工智能）技术之一。这是因为近30年来它获得了迅速的发展，在很多学科领域都获得了广泛应用，并取得了丰硕的成果。人工智能已逐步成为一个独立的分支，无论在理论和实践上都已自成一个系统。

人工智能是研究使用计算机来模拟人的某些思维过程和智能行为（如学习、推理、思考、规划等）的学科（图0-1），主要包括计算机实现智能的原理、制造类似于人脑智能的计算机，使计算机能实现更高层次的应用。人工智能将涉及计算机科学、心理学、哲学和语言学等学科,可以说几乎是自然科学和社会科学的所有学科,其范围已远远超出了计算机科学的范畴。人工智能与思维科学的关系是实践和理论的关系,人工智能是处于思维科学的技术应用层次,是它的一个应用分支。从思维观点看,人工智能不仅限于逻辑思维,还要考虑形象思维、灵感思维才能促进人工智能的突破性的发展。数学常被认为是多种学科的基础科学,因此人工智能学科也必须借用数学工具。数学不仅在标准逻辑、模糊数学等范围发挥作用,进入人工智能学科后才能促进其得到更快的发展。

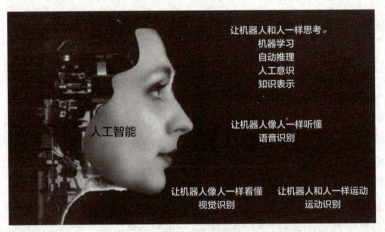

图 0-1 人工智能

0.2 人工智能发展历程

人工智能是在 1956 年作为一门新兴学科的名称正式提出的,自此之后,它已经取得了惊人的成就,获得了迅速发展,它的发展历史大致可以划分为以下 5 个阶段。

第一阶段:20 世纪 50 年代,人工智能的兴起和冷落。人工智能概念在 1956 年被首次提出后,相继出现了一批显著的成果,如机器定理证明、跳棋程序、通用问题 s 求解程序、LISP 表处理语言等。但是由于消解法推理能力有限以及机器翻译等的失败,使人工智能走入了低谷。这一阶段的特点是重视问题求解的方法,而忽视了知识的重要性。

第二阶段:20 世纪 60 年代末到 70 年代,专家系统出现,使人工智能研究出现新高潮。DENDRAL 化学质谱分析系统、MYCIN 疾病诊断和治疗系统、PROSPECTIOR 探矿系统、Hearsay-Ⅱ 语音理解系统等专家系统的研究和开发,将人工智能引向了实用化。并且,1969 年成立了国际人工智能联合会议(International Joint Conferences on Artificial Intelligence,IJCAI)。

第三阶段:20 世纪 80 年代,随着第五代计算机的研制,人工智能得到了很大发展。日本在 1982 年开始了"第五代计算机研制计划",即"知识信息处理计算机系统 KIPS",其目的是使逻辑推理达到数值运算那么快。虽然此计划最终失败,但它的开展形成了一股研究人工智能的热潮。

第四阶段:20 世纪 80 年代末,神经网络飞速发展。1987 年,美国召开第一次神经网络国际会议，宣告了这一新学科的诞生。此后，各国在神经网络方面的投资逐渐增加，神经网络迅速发展起来。

第五阶段：20世纪90年代，人工智能出现新的研究高潮。由于网络技术特别是国际互联网技术的发展，人工智能开始由单个智能主体研究转向基于网络环境下的分布式人工智能研究。不仅研究基于同一目标的分布式问题求解，而且研究多个智能主体的多目标问题求解，将人工智能更面向实用。另外，由于Hopfield多层神经网络模型的提出，使人工神经网络研究与应用出现了欣欣向荣的景象。

人工智能的发展历程如图0-2所示。

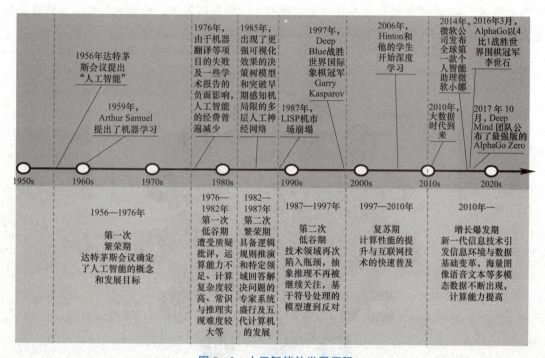

图0-2 人工智能的发展历程

0.3 人工智能的产业结构

人工智能引爆的不仅是技术的进步，更重要的是产业以及行业格局的变革。人工智能时代的来临，将使我们的工作方式、生活模式、社会结构等进入一个崭新的发展期，将催生新的技术、产品、产业和业态模式，从而引发经济结构的重大变革。

人工智能产业从结构上分为3个层次：

（1）基础支撑层（基础层）

人工智能产业的基础。主要是研发硬件及软件，为人工智能提供数据及算力支撑。主要包括物质基础：计算硬件（AI芯片、传感器）、计算系统技术（大数据、云计算和5G通信）、数据（数据采集、标注和分析）和算法模型。传感器负责收集数据，AI芯片（GPU、FPGA、

ASIC等）负责运算，算法模型负责训练数据。

（2）技术驱动层（技术层）

人工智能产业的核心。主要包括图像识别、文字识别、语音识别、生物识别等应用技术，主要用于让机器完成对外部世界的探测，即看懂、听懂、读懂世界，进而才能够做出分析判断、采取行动，让更复杂层面的智慧决策、自主行动成为可能。

（3）场景应用层（应用层）

人工智能产业的延伸。专注行业应用，主要面向AI与传统产业的深度融合，实现不同行业应用场景的解决方案（如"AI＋"制造、家居、金融、教育、交通、安防、医疗、物流、零售等领域）和AI消费级终端产品（如智能汽车、智能机器人、智能无人机、智能家居设备、可穿戴设备等）（图0-3）。

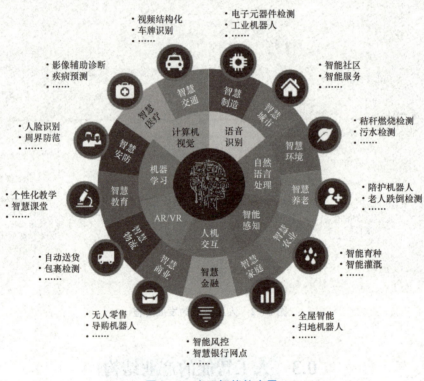

图0-3 人工智能的应用

0.4 人工智能时代需要的人才

人才是创新的第一资源，高技能人才则是促进产业升级、推动高质量发展的重要支撑。习近平总书记指出，"工业强国都是技师技工的大国，我们要有很强的技术工人队伍"。

然而，我国"技工大国""技能强国"建设的人才瓶颈明显，截至2018年，我国技能劳动者仅占就业人员总量的21.3%，高技能人才仅占技能劳动者总数的29%；具体到人工智能领域，拥有10年从业经历者仅占38.7%。技术更新与人力投入之间亦存在明显的替代效应，如大多数保安、翻译会被人工智能取代，楼宇配送机器人则将剥夺快递小哥的工作机会。但是，互联网的发展也导致了界面（UI）设计师、安卓/苹果（Android/iOS）程序员、互联网产品经理等新兴职位的蓬勃发展。一项全球评估显示，到2030年30%的工作活动可以实现自动化。

人工智能时代，关于人工智能即将大规模蚕食人类工作岗位特别是技能岗位的预言，一直是热门话题。面对人工智能来袭，什么样的技能人才能够赶上时代的列车？结合人工智能的技术本质与劳动力特征，可以认为，人工智能时代的合格技能技术人才必须实现从态度到实践、从理念到行为、从内在到外在的全面跃迁，在理念层面、专业层面和实践层面掌握与机器竞争、对话、合作的能力。

（1）有工匠精神的"螺丝钉"

理念是行为的先导，科学而超前的理念将有助于引导技能人才醉心于技艺的磨炼与提升，而忽视外界尘俗带来的诱惑与吸引。2016年政府工作报告提出，要培育精益求精的工匠精神。

百度创始人李彦宏在一次演讲中说："过去的世界都与现在完全不一样了，过去40年世界经济增长主要靠网络技术创新推动，搜索引擎是过去20年整个互联网技术或者网络技术创新的基石，是最大的推动力。然而，互联网只是前菜，人工智能才是主菜。"对于技能人才而言，人工智能不仅不标志着一个时代的终结，反而预示着一个时代的开始，对人才队伍建设提出了新的更高要求。事实上，中美贸易摩擦以及华为被美列入"黑名单"等事件都表明，在基础理论研究方面、在高新技术开发方面，我们国家已经面临着严重的人才断层与瓶颈，必须寻找新时代的工匠。并且，作为新时代的技能人才，更应该具有前瞻性的眼光和思维，走出思维定式，打破水桶"短板"，从而实现技术、人际和概念技能的整体性推进。

（2）有真才实学的"金刚钻"

人工智能时代的到来已经产生了一些之前没听说过的新职位，如自然语言处理、语音识别工程师以及人工智能、机器人产品经理等，甚至有人断言，未来还将可能出现机器人道德评估师、机器人暴力评估师等职位。做互联网报道的媒体人等"旧职位"在"人工智能化"升级后，需转型做人工智能领域的垂直媒体等。对于人工智能时代的技能人才而言，专业是第一位的，不仅要有过硬的专业知识，更要有能够把自己所掌握的理论、知识和先进做法推而广之的能力。

面对大数据、人工智能、区块链等提出的知识化挑战以及我们冲击高精尖技术的现实需求，我们必须培养一批具有真才实学的执行者，即能"揽瓷器活"的"金刚钻"。需要注意的是，技能型人才队伍的建设应该是有等级层次、分门别类的。针对那些我国当前处于零起点、空白状态的领域的基础攻关，应该能够沉下心、耐得住寂寞，从零开始培养特定人才；与此同时，对于那些当前急需的大数据分析、人工智能、智慧政府等方面的人才建设与培养，也应该加大力度，从而打造一支能够匹配我国全门类制造的人才队伍。

（3）有进取意识的"学习者"

2018年5月28日，习近平总书记在"两院"院士大会上强调，中国要强盛、要复兴，就一定要大力发展科学技术，努力成为世界主要科学中心和创新高地。我们比历史上任何时期都更接近中华民族伟大复兴的目标，我们比历史上任何时期都更需要建设世界科技强国！在人工智能时代，知识传播和消费模式的改变，提升了技术变现的效率，并缩短了从书桌走向生产线的时间。面对这样一种知识爆炸和去中心化的传播模式，技能型人才必须始终秉持一颗善于学习的心，紧扣理论研究前沿，不断更新自己的专业知识库。研究发现，人工智能时代的来临以及智能机器人在生产线上的普遍替代，使新行业不断涌现，如针对人工智能可能导致的人类身心问题，会产生新的适应性岗位；探索天人关系、人机关系、机机关系并以此来重新定义产品和技术的实现方式需要新知识、新能力，那些不具备先进知识的工人必然要被时代所淘汰。因此，新时代技能人才更应该具备终身学习的能力，不仅能够利用新兴信息技术获取所需要的信息、知识，还能够利用其所学进行消化、活用，提升知识运用的效率和质量。

第一篇　智慧城市

智慧城市,狭义地说是使用各种先进的技术手段尤其是信息技术手段改善城市状况,使城市生活便捷;广义上理解应是尽可能优化整合各种资源,使城市规划、建筑让人赏心悦目,让生活在其中的市民可以陶冶性情、心情愉快而不是感到压力,总之是适合人的全面发展的城市。

智慧城市是新一代信息技术支撑、知识社会下一代创新(创新 2.0)环境下的城市形态。它基于全面透彻的感知、宽带泛在的互联以及智能融合的应用,构建有利于创新涌现的制度环境与生态,实现以用户创新、开放创新、大众创新、协同创新为特征的以人为本可持续创新,塑造城市公共价值并为生活在其间的每一位市民创造独特价值,实现城市与区域可持续发展。可以说,智慧城市就是以智慧的理念规划城市,以智慧的方式建设城市,以智慧的手段管理城市,用智慧的方式发展城市,从而提高城市空间的可达性,使城市更加具有活力和长足的发展。

从技术发展的视角,智慧城市建设要求通过以移动技术为代表的物联网、云计算等新一代信息技术应用实现全面感知、泛在互联、普适计算与融合应用。

从社会发展的视角,智慧城市还要求通过维基、社交网络、Fab Lab、Living Lab、综合集成法等工具和方法的应用,营造有利于创新涌现的制度环境与生态,实现以用户创新、开放创新、大众创新、协同创新为特征的知识社会环境下的可持续创新,强调通过价值创造,以人为本实现经济、社会、环境的全面可持续发展。

单元 1 智慧安防

1.1 背景引入

安防系统是实施安全防范控制的重要技术手段,在当前安防需求膨胀的形势下,其在安全技术防范领域的运用也越来越广泛。但目前所使用的安防系统主要依赖人的视觉判断,而缺乏对视频内容的智能分析,由此使得安防系统只能完成一定时间内的视频存储记录,仅可为事后分析提供证据。而其在事前预/报警的缺位,也让保平安的意义大打折扣。

我国安防产业萌芽于20世纪70年代末和80年代初,虽然比国外发达国家起步晚了近20年,但一路发展过来也已经走过了起步阶段、初步发展阶段和高速发展阶段,目前步入成熟阶段。我国的安防产业经历了30多年的发展,从最初的只能用于一些非常重要或特殊的单位和部门,到现在应用领域大幅拓展,安防摄像头随处可见,我国安防产业发生了翻天覆地的变化,取得了巨大的进展。

随着光电信息技术、微电子技术、微计算机技术与视频图像处理技术等的发展,传统的安防系统也正由数字化、网络化,而逐步走向智能化。这种智能安防系统是指在不需要人为干预的情况下,能自动实现对监控画面中的异常情况进行检测、识别,在有异常时能及时做出预/报警。

安防市场需求范围很广,主要分为三大类:第一类政府,如"平安城市"建设、各级党政机关、公安监所管理等;第二类各企事业单位,如金融、电力、教育、交通、石化、工矿等行业;第三类商用、民用市场,如小型连锁店、中小商铺、娱乐场所、家庭等。其中交通运输、政府、城市治安、金融行业是视频监控产品应用最主要的市场,但是近几年在这些传统安防需求市场平稳增长的同时,电力、电信、文化教育、企业等行业的应用也越来越广,并不断向商用、民用市场扩散。下面是几个行业的市场需求情况。

(1)"平安城市"建设的需求

"平安城市"的建设始于2005年,到现在已经持续10余年了。随着我国城镇化率的提升,城市人口急剧增加,人口流动大、人口密集、人员结构复杂,加之我国特殊的户籍制度,这些均导致城市里的非本地户口居民大幅增加,各种违法犯罪行为频发,给社会治安管理带来了巨大的挑战。

根据发达国家的经验，城镇化率要达到80%以上城镇化才步入成熟阶段。截止到2016年年底，我国的城镇化率仅为57.4%，离这一标准仍然有较大的增长空间。由于我国的城镇化率仍将持续提升，因此城市的安保投入也必将随之持续增长。与此同时，未来我国"平安城市"建设将加速向三、四线城市发展。

（2）交通行业需求

随着城市规模的不断扩大，城市化进程不断加快，城市整体交通体系承受巨大压力，目前中国所具备的传统交通解决方案已经不能够满足城市日益前进的步伐。因此，新的一代"智能交通"加"智能物联网"的全新管理手段正在飞速的发展中。根据最新数据表示，我国的智能交通产业得到迅猛的发展，年均复合增长率达到20%以上。智能交通行业将迎来稳定的持续增长期，视频监控作为智能交通中信息采集和处理的重要应用，在未来随着智能交通的发展，对于视频监控设备需求也会进一步扩大。

（3）智能楼宇的安防建设需求

国务院于2016年2月6日发布的《关于进一步加强城市规划建设管理工作的若干意见》中提出，不再建设封闭住宅小区，已建成的住宅小区和单位大院要逐步打开，实现内部道路公共化，打通各类"断头路"，加强自行车道和步行道系统建设，倡导绿色出行，合理配置停车设施，逐步缓解停车难问题。

全开放式小区是将围墙全部拆除，小区不再有围栏和围墙，这将出现一系列问题：商业圈、住宅区不分，人流量、车流量加大，噪声污染严重，人员复杂，偷盗违法犯罪问题加重，停车难问题更加凸显。小区物理周界的消失，那么相联的，首先消失的是出入口形成的第一道屏障，围墙及围栏的防护也会随之消失。令小区安全防护措施大打折扣。小区物理周界的消失，将使人们对个人住宅的安全需求提升，智能家居、家用防盗报警系统将会走进千家万户。多数厂商均以此为契机推动民用市场家庭安防观念的转变和普及。

（4）文教卫安防建设加速

教育事业的发展是一个国家发展的根本，校园安全关系到社会的稳定、家庭的和谐。校园安全一直是我国各级政府高度重视的问题，目前，"平安校园"建设项目已经纳入各级教育行政部门的议事日程。根据国家教育部门和公安部门的有关规定，学校安全防范主要以设立安全防范监控，采用报警、视频监控、电子巡查、出入口控制等技术手段，并结合安保人员巡逻为主，实现对学校的安全保障。

早期的校园监控建设的全部是模拟摄像机，不仅覆盖范围小，而且图像质量差，早已不能满足高校高清智能监控的需求。不仅如此，校园重点区域监控前端设备往往缺乏必要的日常维护，导致设备损毁严重，遇到突发事件时无法进行视频录像的调取查看，事后也缺乏处理事件的依据。同时，设备维护也缺乏相应的监督机制，导致处理不及时。

（5）金融行业的需求

金融行业作为对安全要求高、标准规格高、投资力度大的一个行业，面对各个业务部门和安全保卫不断提出的新需求，安防对企业正常运营并取得良好的经济和社会效益具有极其重要的意义。安防在金融行业已经深耕了很长时间，金融行业的安防体系是由人防系统、技防系统、物防系统和管理系统组成的多角度、多纬度复合型的安全技术防范体系。

随着对金融安防管理要求越来越高，不仅仅要满足安全防范的功能，同时还要满足对金融机构日常经营业务管理的需求。例如对各营业网点经营秩序的远程检查、对工作人员的远程督察、对客户投诉的事后认证和处理、对相关业务管理中音视频数据与业务管理系统的无缝结合等。

随着科学技术不断普及和金融安防管理要求的不断提高，未来金融安防发展将会从先进技术和数据融合应用两个方面来建设规划。在先进技术方面，高清化、智能化、网络化将作为未来金融安防发展的核心技术支撑。同时，数据共享互联、智能挖掘及大数据实现，将更多需要信息数据共享互联、系统业务深度融合。只有在先进技术有效支撑、数据互联共享融合应用的有效结合下，金融安防产业才能创造更多的经济价值，最终实现整个金融安防产业的持续繁荣发展。

1.2　核心内涵

1.2.1　智慧安防的概念

安防，顾名思义，就是安全防范。这个行业的发展伴随着国内智慧城市的建设推向高潮，安防行业作为智慧城市的安全之门，同时也担负着智慧城市中视频图像识别的"智慧之眼"，经过多年高速发展，已形成一个庞大的产业。在经历数字化、网络化发展后，安防行业在人工智能技术助推下向智能化深度发展。

智慧安防的核心内涵

传统的安防企业、新兴的人工智能初创企业，都开始积极拥抱人工智能，在图像处理、计算机视觉以及语音信息处理等方面开展持续创新。在产品应用层面，人工智能技术不断进步，传统的被动防御安防系统将升级成为主动判断和预警的智慧安防系统，安防从单一的安全领域向多行业应用、提升生产效率、提高生活智能化程度方向发展。

而人工智能技术之所以在安防行业应用得如火如荼，其根本原因是具备了人工智能落地的两个条件：一是拥有大量的数据，安防行业部署的摄像机全天候采集车辆、人脸信息，为智能化应用带来更准确、优质的数据；二是智能化技术的提升，为视频图像的目标检测和跟踪技术应用的再次升级提供了坚实的技术基础。人工智能在安防产业的应用已是大势所趋，应用前景巨大，众多企业纷纷抢占"人工智能＋安防"新风口（图1-1）。

从应用场景来看，人工智能＋安防已应用到社会的各方面，如公安、交通、楼宇、金融、商业和民用等领域。

未来，人工智能还将以视频图像信息为基础，打通安防行业各种海量信息，并在此基础上，充分发挥机器学习、数据分析与挖掘等各种人工智能算法的优势，为安防行业创造更多价值。

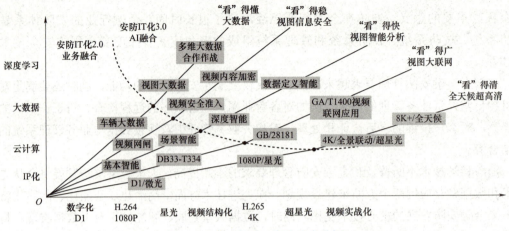

图 1-1 人工智能+安防技术升级

1.2.2 智慧安防的特点

（1）数字化

信息化与数字化的发展，使得安防系统中以模拟信号为基础的视频监控防范系统向全数字化视频监控系统发展，系统设备向智能化、数字化、模块化和网络化的方向发展。

（2）集成化

安防系统的集成化包括两方面，一方面是安防系统与小区其他智能化系统的集成，如将安防系统与智能小区的通信系统、服务系统及物业管理系统等集成，这样可以共用一条数据线和同一计算机网络，共享同一数据库；另一方面是安防系统自身功能的集成，将影像、门禁、语音、警报等功能融合在同一网络架构平台中，可以提供智能小区安全监控的整体解决方案，诸如自动报警、消防安全、紧急按钮和能源科技监控等。

1.3 应用案例

当前安防行业已呈现"无 AI 不安防"的新趋势，安防行业的人工智能技术主要集中在人脸识别、车辆识别、行人识别、行为识别、结构化分析和大规模视频检索等方面。

在安防行业中与智能化结合最成功的领域——智能视频图像相关的应用领域，比如警戒线、区域入侵、人群聚集、暴力行为侦测、物品遗失、火焰侦测、烟雾侦测、离岗报警、人流统计、车流统计、车辆逆行和车辆违停等方面，安防与人工智能相结合的方式爆发了惊人的潜力。

智慧安防的应用案例

（1）在公安行业的应用

公安行业用户的迫切需求，是在海量的视频信息中发现犯罪嫌疑人的线索。人工智能在视频内容的特征提取、内容理解方面有着天然的优势。前端摄像机内置人工智能芯片，可实时分析视频内容，检测运动对象，识别人、车属性信息，并通过网络传递到后端人工智能的中心数据库进行存储。汇总的城市级海量信息,再利用强大的计算能力及智能分析能力,人工智能可对嫌疑人的信息进行实时分析,给出最可能的线索建议,将犯罪嫌疑人的轨迹锁定由原来的几天缩短到几分钟,为案件的侦破节约宝贵的时间。其强大的交互能力,还能与办案民警进行自然语言方式的沟通,真正成为办案人员的专家助手。

以车辆特征为例,可通过使用车辆驾驶位前方的小电风扇进行车辆追踪,在海量的视频资源中锁定涉案的嫌疑车辆的通行轨迹(图1-2、图1-3)。

图1-2 车辆特征识别

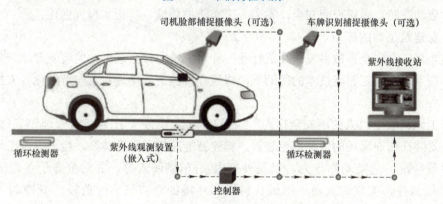

图1-3 车辆识别技术

(2)在交通行业的应用

在交通领域,随着交通卡口的大规模联网,汇集的海量车辆通行记录信息,对于城市交通管理有着重要的作用,利用人工智能技术,可实时分析城市交通流量,调整红绿灯间隔,缩短车辆等待时间,提升城市道路的通行效率。城市级的人工智能大脑,实时掌握着城市道路上通行车辆的轨迹信息、停车场的车辆信息以及小区的停车信息,能提前半个小时预测交通流量变化和停车位数量变化,合理调配资源、疏导交通,实现机场、火车站、汽车站、商圈的大规模交通联动调度，提升整个城市的运行效率，为居民的出行畅通提供保障。

（3）在智能楼宇领域的应用

在智能楼宇领域，人工智能是建筑的大脑，综合控制着建筑的安防、能耗，对于进出大厦的人、车、物实现实时的跟踪定位，区分办公人员与外来人员，监控大楼的能源消耗，使得大厦的运行效率最优，延长大厦的使用寿命。智能楼宇的人工智能核心，汇总整个楼宇的监控信息、刷卡记录。室内摄像机能清晰捕捉人员信息，在门禁刷卡时实时比对通行卡信息及刷卡人脸部信息，检测出盗刷卡行为，还能区分工作人员在大楼中的行动轨迹和逗留时间，发现违规探访行为，确保核心区域的安全。

（4）在工厂园区的应用

工业机器人由来已久，但大多数是固定在生产线上的操作型机器人。可移动巡线机器人在全封闭无人工厂中将有着广泛的应用前景。在工厂园区场所，安防摄像机主要被部署在出入口和周界，对内部边边角角的位置无法监控，而这些地方恰恰是安全隐患的死角，利用可移动巡线机器人定期巡逻，读取仪表数值，分析潜在的风险，能保障全封闭无人工厂的可靠运行，真正推动"工业4.0"的发展。

（5）在民用安防的应用

在民用安防领域，每个用户都是极具个性化的，利用人工智能强大的计算能力及服务能力，为每个用户提供差异化的服务，提升个人用户的安全感，能确实满足人们日益增长的服务需求。以家庭安防为例，当检测到家庭中没有人员时，家庭安防摄像机可自动进入布防模式，有异常时，给予闯入人员声音警告，并远程通知家庭主人；而当家庭成员回家后，又能自动撤防，保护用户隐私。夜间，通过一定时间的自学习，掌握家庭成员的作息规律，在主人休息时启动布防，确保夜间安全，省去人工布防的烦恼，真正实现人性化。

（6）在建筑工地的应用

建筑业是一个安全事故多发的高危行业，针对工地监控盲区大、监督管理难、外包人员难管理等痛点，在人工智能技术的帮助下，传统建筑施工管理逐步走向智能化、人性化安全管控。

针对工地场景下"人的不安全行为""物的不安全状态""工地综合管理"三大核心问题，通过安装在作业现场的各类监控装置，构建智能监控和防范体系，自动识别工地人员防护用具穿戴情况、危险动作行为，以及外来人员/车辆闯入等，并对分布于各地的建筑工地进行远程监控，实现对人员、机械、材料和环境的全方位实时监控，变被动"监督"为主动"预警"。

以一个综合建筑场景为例：

① 智慧工地大脑。这是总部数据的集成地，主要展示总项目（工地）数量、工人数量、物资设备数目、工地环境状况（正常与超标比率）、近30天达标率排名、PM2.5/PM10排名、总项目（工地）安全帽报警事件总数、近30天事件处理率、报警事件数排名、报警事件处理率排名和安全帽佩戴率排名（图1-4）。

② 项目部数据看板。项目部数据看板展示项目相关的所有信息，比如工地基础信息、考勤信息、环境监测信息。

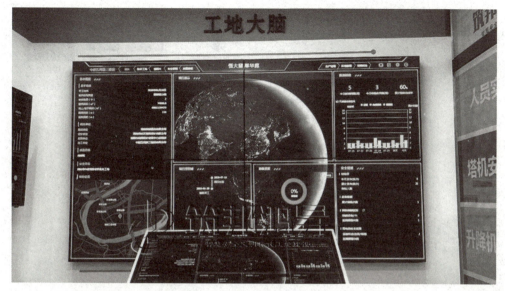

图1-4　智慧工地大脑

③ 实名制考勤系统。根据实名考勤打卡制度可以让施工企业随时了解每日用工数。实名制考勤实到实签，使总包对劳务分包人数情况明细了如指掌，做到人员对号、调配有序，从而实现劳务精细化管理。

④ 安全生产系统。安全生产分为安全帽管理、佩戴情况统计、安全帽事件统计和危险源越界统计4个部分。

⑤ 视频联网系统。工地现场施工安全监督子系统具备立体防控及监控点预览和回放功能，对外实时展示工程总体情况，对内查看工地施工过程。

⑥ 施工升降机安全监控系统。前端监控装置和平台的无缝融合实现了远程、开放、实时动态的施工升降机作业监控。

⑦ 环境监测子系统。实现了通过环境监测设备对温度、湿度、噪声、粉尘和气象的监测，以及收集和报警联动等功能。

⑧ 车辆出入管理子系统。利用视频监控技术，在各建筑工地出入口配备图像抓拍识别设备，管理车辆进出并记录合法车辆进出明细和图片，例如渣土车出场记录，物料车辆进出装载情况信息，配合车辆黑名单预防黑车出入导致的车辆事故，同时将出入信息推送至地磅等第三方系统。

⑨ 塔吊安全监控子系统。塔吊对安全性能要求非常高，属于高危作业，事故发生率很高。塔吊运行的安全监控，无论是单塔吊的运行，还是大型工地塔吊群同步干涉作业，在施工中均需要注意防碰撞预警。塔吊安全监控子系统主要功能有：实时监测数据显示，运行状态检测预警、报警，检测数据超载自动限位，智能防碰撞功能。塔吊设备监控原理图如图1-5所示。

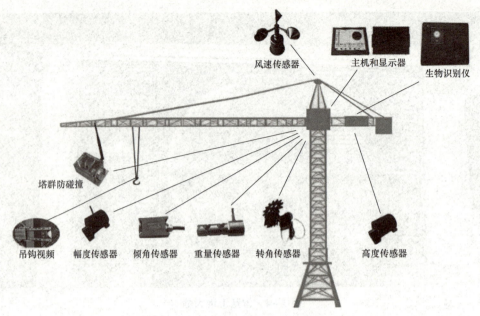

图 1-5 塔吊设备监控原理图

以上这样一整套全方位应用场景，让智能视频分析在人员、车辆、物料和环境等方面的安防监控有了具体依托和系统应用，人工智能赋能传统建筑工地已不再遥远。

1.4 基础技术

1.4.1 智能视频识别技术

前面介绍了人工智能技术在安防及相关行业有庞大的应用场景，且主要集中在视频图像领域。过去，海量视频图像数据为工作人员带来极大的工作压力。而进入大数据时代，安防行业中的海量视频图像数据反而为深度学习奠定了基础，人脸识别、车牌识别、行为分析等全面智能化带来的全新应用方向都是基于图像的应用。其中，智能视频识别技术发挥了重要作用。

（1）智能视频识别技术的概念

智能视频分析是使用计算机图像视觉分析技术，借助于计算机芯片强大的数据处理功能，通过将场景中背景和目标分离进而提取、比对和分析画面中的关系信息，对视频画面进行高速分析。使用时，用户可以根据分析模块，通过在不同摄像机的场景中预设不同的非法规则。一旦目标在场景中出现了违反预定义非法规则的行为，系统会自动发出警告信息，并且会根据预先定义好的相关联动设备进行触发联动动作，用户可以通过点击报警信息，实现报警的场景重组并采取相关的预防措施。

涉及的"人"识别技术，主要有生物特征检测、生物特征识别、行为特征识别等，广泛应用于重要出入口，特别适用于人流量大、人口成分复杂的大型小区。

涉及的"车"识别技术，主要有车牌检测、车牌识别、车身颜色识别、车型检测，广泛应用于大型商业中心停车场的管理与收费等。例如，聚光智能停车场车位引导系统已经成功运用在多个大型商业停车场中。

涉及的"事"识别技术，主要有周界防范、行为防范、人（车）流量统计、人群聚集等，其中行为分析包括快速移动检测、交通拥堵检测、周界跨线检测、排队异常等情况，广泛应用于智慧社区周界防范等。

涉及"视频增强"技术，主要有视频浓缩、图像清晰化、视频故障诊断等，借助这些技术，可以有效缩短时间快速查找目标视频、增强视频图像效果、快速准确锁定视频故障类型，从而提高视频分析的能力和质量。

（2）智能视频分析技术

视频分析技术在结构上有两种方式：前端视频分析和后端视频分析。

前端视频分析，就是采用具有智能分析模块功能的前端摄像机，前端摄像机即可实现车牌识别、行为异常报警、移动侦测报警、入侵检测报警、物品遗留识别报警等功能，然后把提取的视频相关特征数据和视频图像一起往后台中心传送，由后台中心进行集中管理、控制、显示和储存。前端视频分析使视频实时分析预警成为可能，可大大节省传输和存储资源。目前，前端视频分析的应用主要适用于高清网络摄像机。

后端视频分析，即前端采用无智能分析模块的摄像头，前端摄像机把采集到的视频图像往后台中心传输，由后台的智能分析服务器针对视频图像进行分析和识别。其后台智能监控软件的核心是由各种算法组成的，不同的算法应用在不同的场景之中，而且各种应用场景的需要会随着具体环境的改变而改变；整个分析运算和处理都是由后台中心相关的服务器和软件完成的。

随着视频图像的存储，后台的储存设备保存着海量的历史视频数据，这些视频一般都很少再调用，但在实际的管理和使用中，往往会根据某种需求对历史视频进行搜索找出目标视频，在这海量的历史视频数据中查找，要消耗大量的时间和人力。所以，采用"智能检索"也是一种智能视频分析技术，它对所定义的规则或要求，对保存在储存设备中的历史视频数据进行快速比对，把符合规则或要求的视频集中到一起，这样就能快速检索到目标视频。

（3）智能视频识别技术的分类

① 视频分析类。主要是在监控图像中找出目标并检测目标的运动特征属性。如目标相对的像素点位置，目标的移动方向及相对像素点移动速度，目标本身在画面中的形状及其改变。根据以上的基本功能，视频分析可分为以下几个功能模块：

- 周界入侵检测、目标移动方向检测。
- 目标运动、停止状态改变检测。
- 目标出现与消失检测。
- 人流量、车流量统计。
- 自动追踪系统。
- 系统智能自检功能等。

② 视频识别类。其主要目的是在视频图像中找出一些画面的共性。比如人脸必然有两个眼睛，如果可以找到双眼的位置，那么就可以定性人脸的位置及尺寸。视频识别类主要包括人脸识别系统、步态识别系统、车牌识别系统、照片比对系统、工业自动化上的零件识别即机器视觉系统等。

③ 视频改善类。主要是针对一些不可视、模糊不清，或者是对振动的图像进行部分优化处理，以增加视频的可监控性能。具体包括：红外夜视图像增强处理，车牌识别影像消模糊处理，光变与阴影抑制处理，潮汐与物体尺寸过滤处理，视频图像稳定系统等。

智能视频识别技术不仅简化了安防从业人员的工作压力，还给安防行业发展带来极大的推动作用。人工智能技术还在不断地走向智能化、人性化，与之对应的应用场景将会越来越多。

1.4.2 人脸识别技术

人脸识别是图像识别的一个应用场景，通常也叫作人像识别、面部识别。人脸识别是基于人的脸部特征信息进行身份识别的一种生物识别技术，用摄像机或摄像头采集含有人脸的图像或视频流，并自动在图像中检测和跟踪人脸，进而对检测到的人脸进行脸部识别的一系列相关技术（图1-6）。

图1-6 人脸识别技术

人脸识别技术的主要流程包含人脸图像采集及检测、人脸图像预处理、人脸图像特征提取以及匹配与识别。

（1）人脸图像采集及检测

① 人脸图像采集。当用户在采集设备的拍摄范围内时，采集设备会自动搜索并拍摄用

户的人脸图像。该流程一般由摄像头模组完成（RGB 摄像头、红外摄像头或者 3D 摄像头等）。

② 人脸检测。实际中主要用于人脸识别的预处理，即在图像中准确标定出人脸的位置和大小。人脸图像中包含的模式特征十分丰富，如直方图特征、颜色特征、模板特征和结构特征等。人脸检测就是把其中有用的信息挑出来，并利用这些特征实行检测。

（2）人脸图像预处理

该过程是基于人脸检测结果，对图像进行处理并最终服务于特征提取的过程。人脸识别系统获取的原始图像由于受到各种条件的限制和随机干扰，往往不能直接使用，必须在图像处理的早期阶段对它进行灰度校正、噪声过滤等预处理。

主要预处理过程包括人脸对准（得到人脸位置端正的图像），人脸图像的光线补偿，灰度变换，直方图均衡化、归一化（取得尺寸一致、灰度取值范围相同的标准化人脸图像），几何校正，中值滤波（图片的平滑操作以消除噪声）以及锐化等。

（3）人脸图像特征提取

这是针对人脸的某些特征进行的，也称为人脸表征，它是对人脸进行特征建模的过程。可使用的特征通常分为视觉特征、像素统计特征、人脸图像变换系数特征和人脸图像代数特征等。

（4）匹配与识别

提取的人脸特征值数据与数据库中存储的特征模板进行搜索匹配，通过设定一个阈值，将相似度与这一阈值进行比较，来对人脸的身份信息进行判断。

1.4.3 人脸识别技术的应用

人脸识别技术应用范围很广，在很多领域有着广阔的应用场景，例如：

① 企业、住宅安全和管理。如人脸识别门禁考勤系统、人脸识别防盗门等。

② 电子护照及身份证。

③ 公安、司法和刑侦。

④ 自助服务。如银行的自动提款机，如果同时应用人脸识别就会避免被他人盗取现金现象的发生。

⑤ 信息安全。如计算机登录、电子政务和电子商务等。在电子商务中交易全部在网上完成，电子政务中的很多审批流程也都搬到了网上。而当前，交易或者审批的授权都是靠密码来实现，如果密码被盗，就无法保证安全。但是使用生物特征，就可以做到当事人在网上的数字身份和真实身份统一，从而大大增加电子商务和电子政务系统的可靠性。

在安防系统中的应用主要分为身份验证和身份识别两种模式。身份验证主要应用于门禁系统、考勤系统、教育考试系统等；身份识别在海关、机场、公安等场合和部门广泛应用，对待查人员身份进行识别，能够有效确认被拐人口、在逃不法分子等人员信息。

习题 1

1-1 阐述人工智能在智慧安防中的应用。

1-2 什么是智能视频识别技术？

1-3 什么是人脸识别技术？阐述人脸识别技术的应用。

单元 2

智慧交通

2.1 背景引入

20世纪末，随着社会经济和科技的快速发展，城市化水平越来越高，机动车保有量迅速增加。交通拥挤、交通事故救援、交通管理、环境污染、能源短缺等问题已经成为世界各国面临的共同难题。无论是发达国家，还是发展中国家，都毫无例外地承受着这些问题的困扰。在此大背景下，诞生了实时、准确、高效的综合运输和管理系统，即智能交通系统（Intelligent Transportation System，ITS）。

智能交通系统将人、车、路三者综合起来考虑。在系统中，运用了信息技术、数据通信传输技术、电子传感技术、卫星导航与定位技术、电子控制技术、计算机处理技术及交通工程技术等，并将系列技术有效地集成应用于整个交通运输管理体系中，从而使人、车、路密切配合，达到和谐统一，发挥协同效应，极大地提高了交通运输效率，保障了交通安全，改善了交通运输环境，提高了能源利用效率。

智能交通系统中的"人"是指一切与交通运输系统有关的人，包括交通管理者、操作者和参与者；"车"包括各种运输方式的运载工具；"路"包括各种运输方式的道路及航线。"智能"是ITS区别于传统交通运输系统的最根本特征。

发展智慧交通是政务智能化、交通信息化的发展趋势。

解决上述交通问题的方法可概括为两种：建、疏。"建"是指对高速公路、城市轨道交通、城际交通设施建设等道路硬件投资，同时也包括建设智慧交通等为代表的智能化解决方案的管理设施建设，缓解交通压力。"疏"就是指充分发挥智慧交通的技术优势和协同效应，结合各种高科技技术、产品，提高交通运输系统的效率。过去传统的解决方法即采用加大基础设施建设投资，大力发展道路建设。由于政府财政支出的有限性和城市空间的局限性，该方法的发展空间逐步缩小。发展智慧交通是提高交通运输效率，解决交通拥挤、交通事故等问题的最好办法。从各国实际应用效果来看，发展智能交通系统确实可以提高交通效率，有效减缓交通压力，降低交通事故率，进而保护了环境、节约了能源。

2.2 核心内涵

2.2.1 智慧交通的概念

电子信息技术的发展,"数据为王"的大数据时代的到来,为智慧交通的发展带来了重大的变革。2009 年,IBM 提出了智慧交通的理念,智慧交通是在智能交通的基础上,融入物联网、云计算、大数据、移动互联等高新 IT 技术,通过高新技术汇集交通信息,提供实时交通数据下的交通信息服务。大量使用了数据模型、数据挖掘等数据处理技术,实现了智慧交通的系统性、实时性、信息交流的交互性以及服务的广泛性。

智慧交通系统

物联网、云计算、大数据、移动互联等技术在交通领域的发展和应用,不仅给智慧交通注入新的技术内涵,也对智慧交通系统的发展和理念产生巨大影响。随着大数据技术研究和应用的深入,智慧交通在交通运行管理优化,面向车辆和出行者的智慧化服务等各方面,将为公众提供更加敏捷、高效、绿色、安全的出行环境,创造更美好的生活。

2.2.2 智慧交通系统

智慧交通由 5 个系统组成:交通信息服务系统(VICS)、交通管理系统(TMS)、公交车辆运营管理系统、电子收费系统(ETC)、车辆控制系统(VCS)(图 2-1)。

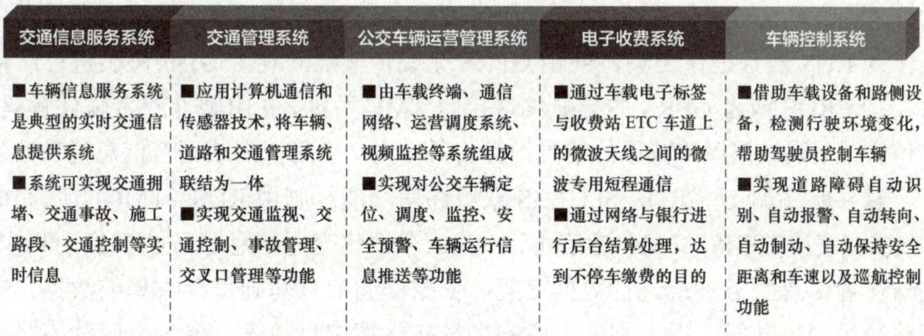

交通信息服务系统	交通管理系统	公交车辆运营管理系统	电子收费系统	车辆控制系统
■车辆信息服务系统是典型的实时交通信息提供系统 ■系统可实现交通拥堵、交通事故、施工路段、交通控制等实时信息	■应用计算机通信和传感器技术,将车辆、道路和交通管理系统联结为一体 ■实现交通监视、交通控制、事故管理、交叉口管理等功能	■由车载终端、通信网络、运营调度系统、视频监控等系统组成 ■实现对公交车辆定位、调度、监控、安全预警、车辆运行信息推送等功能	■通过车载电子标签与收费站 ETC 车道上的微波天线之间的微波专用短程通信 ■通过网络与银行进行后台结算处理,达到不停车缴费的目的	■借助车载设备和路侧设备,检测行驶环境变化,帮助驾驶员控制车辆 ■实现道路障碍自动识别、自动报警、自动转向、自动制动、自动保持安全距离和车速以及巡航控制功能

图 2-1 智慧交通系统

智慧交通系统主要解决 4 个方面的应用需求:

① 交通实时监控。获知哪里发生了交通事故、哪里交通拥挤、哪条路最为畅通,并以最快的速度提供给驾驶员和交通管理人员。

② 公共车辆管理。实现驾驶员与调度管理中心之间的双向通信,提升商业车辆、公共汽车和出租车的运营效率。

③ 旅行信息服务。通过多媒介多终端向外出旅行者及时提供各种交通综合信息。

④ 车辆辅助控制。利用实时数据辅助驾驶员驾驶汽车,或替代驾驶员自动驾驶汽车。

(1)交通信息服务系统

交通信息服务系统由交通信息基础平台和交通信息发布平台两部分组成。系统框架结构如图 2-2 所示。

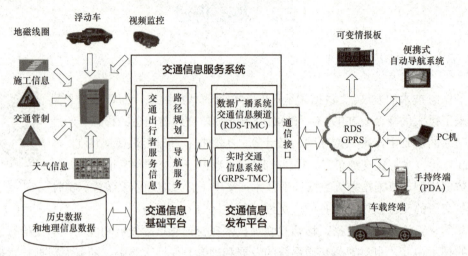

图 2-2 交通信息服务系统框架结构

交通信息基础平台收集各种信息，包括浮动车实时路况、停车场动态、交通事故、交通管制、道路施工、天气状况等信息，经过融合处理，形成可以为出行者服务的交通信息、导航服务信息、路径规划信息。

首先，交通信息发布平台通过交通信息基础平台提供的数据访问接口，获取实时出行者服务的交通信息；或者根据导航终端请求类型，读取导航服务和路径规划信息。

其次，交通信息发布平台生成 RDS-TMC 或 GPRS-TMC 消息，经过编码设备由 FM 无线传输网作为 RDS 信号进行传输，或由 GPRS 无线传输媒介利用 UDP 协议进行广播。

最后，支持 RDS 或者 GPRS 的导航终端接收 TMC 数据，并由硬件或者软件解码器解码，利用事件和位置编码数据库重置原始信息，并将其作为一个可视的或语音信息提供给驾驶员。

另外，若导航终端支持 RDS 和 GPRS 双重通信功能。则由 RDS-TMC 方式完成通用交通信息的发布。使用 GPRS-TMC 通信协议，完成个性化交通信息服务的提供，即通过 GPRS 通信方式与交通信息服务系统进行数据交互，依据交通信息基础平台收集的数据，提供行车导航服、路径规划等功能，很大程度上弥补了导航终端信息缺乏、资源有限的不足。

交通信息服务系统主要目标是向导航终端提供 RDS-TMC 信息、GPRS-TMC 信息、GPRS 导航信息以及路径规划信息等。交通信息发布平台主要由 4 大模块组成：数据获取模块、数据编码模块、数据通信模块、控制管理模块。平台功能结构如图 2-3 所示。

（2）交通管理系统

交通管理系统利用先进的运维管理系统、计算机通信技术，将智能交通外场电子警察、信号、诱导、视频等设备，以及内场计算机设备、工业交换机设备、光纤交换机设备、存储设备、网络通信，科学地管理起来，结合信息技术基础架构库（Information Technology Infrastructure Library，ITIL）运维思想，通过资产管理、事件管理、配置管理、问题管理、知识库管理等手段，实现智慧交通设备运维的自动、高效、有的放矢（图 2-4）。

（3）公交车辆运营管理系统

公交车辆运营管理系统充分利用 DSRC 定位技术、GIS 地理信息技术、无线通信技术、计算机控制技术、数据库管理技术等多种信息技术手段，构建完整的公交运营车辆信息采集、跟踪、处理、发布和车辆管理平台，并为乘客提供自动的语音报站功能。

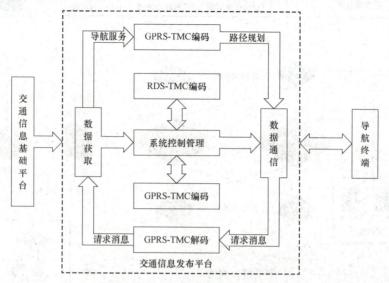

图 2-3 交通信息发布平台功能结构

公交车辆运营管理系统由指挥调度中心和车载终端及信息管理终端组成。指挥调度中心包括总指挥调度中心（主监控调度中心）、分指挥调度中心（分公司监控调度中心）、线路调度中心（图 2-5）。

（4）电子收费系统

电子收费系统（Electronic Toll Collection，ETC）是目前世界上最先进的收费系统，是智能交通系统的服务功能之一，过往车辆通过道口时无须停车，即能够实现自动收费。它特别适于在高速公路或交通繁忙的桥隧环境下使用。

电子收费系统（ETC）主要有两种形式。一种是汽车上安装 ETC 车载设备，并带有专用的 IC 卡或其他专用磁性条形码卡；当插入专用卡后，汽车通过电子收费口时，利用收费口通信天线与车载设备之间的通信，在计算机收费系统和专用卡双方均完成对通行费的记录，从而实现电子结算收费；同时车载设备通过液晶显示器可以显示通过时间、行程和所需费用，运输企业管理者还可以通过车载设备查询收费情况。另一种是将一种专用电子卡放在汽车挡风玻璃处，当汽车通过电子收费口时，收费口处的读卡器直接读出专用电子卡上的信息，完成一次电子结算收费；有的在读卡的同时，还启动摄像机，摄下汽车的牌照号码。系统体系结构如图 2-6 所示。

ETC 系统的关键技术主要集中在以下几个方面：
- 自动车辆识别技术；
- 自动车型分类技术；
- 短程通信技术；
- 逃费抓拍系统。

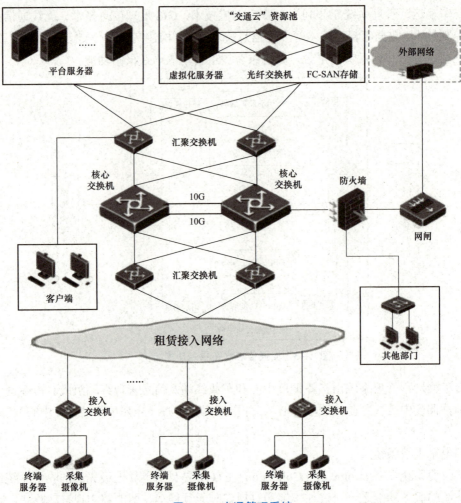

图 2-4 交通管理系统

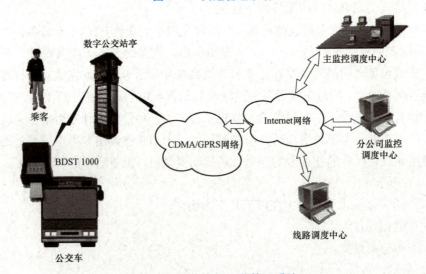

图 2-5 公交车辆运营管理系统

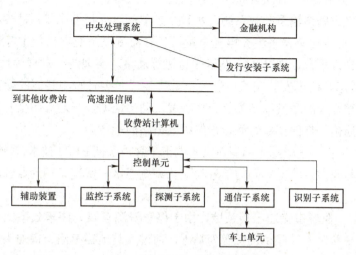

图 2-6　电子收费系统体系结构

ETC 系统主要由 ETC 收费车道、收费站管理系统、ETC 管理中心、专业银行、车道控制器、费额显示器、自动栏杆机、车辆检测器及传输网络组成。不停车收费系统采用专用短程通信技术。

要实现不停车收费，主要采取如下技术手段：专用短程通信（Dedicated Short Range Communication，DSRC），射频识别，地磁感应识别技术，视频识别技术，红外技术。

（5）车辆控制系统

车辆控制系统（Video Comparison Summary，VCS）是对车辆本身而言的，辅助驾驶员驾驶汽车或替代驾驶员自动驾驶汽车的系统。主要包括行车安全警报系统与行车自控和自动驾驶系统两大部分。该系统通过安装在汽车前部和旁侧的雷达或红外探测仪，可以准确地判断车与障碍物之间的距离，遇紧急情况，车载电脑能及时发出警报或自动刹车避让，并根据路况自己调节行车速度，人称"智能汽车"。

2.3　应用案例

当前，随着我国城市化水平和人们生活水平的快速提升，城市交通的需求量日益增大，城市交通的问题也逐渐突出，例如交通拥堵、交通污染、交通事故频发等，这些都成为交通管理部门非常关注的焦点，更是智慧交通建设过程中不可忽视的问题。目前，智慧交通在城市中的应用现状主要体现如下：

① 智能公交：通过射频识别（Radio Frequency Identification，RFID）、传感等技术，实时了解公交车的位置，实现弯道及路线提醒等功能。同时能结合公交的运行特点，通过智能调度系统，对线路、车辆进行规划调度，实现智能排班。

② 共享自行车：通过配有 GPS 或 NB-IoT 模块的智能锁，将数据上传到共享服务平台，实现车辆精准定位、实时掌控车辆运行状态等。

③ 车联网：利用先进的传感器、RFID 以及摄像头等设备，采集车辆周围的环境以及车辆自身的信息，将数据传输至车载系统，实时监控车辆运行状态，包括油耗、车速等。

④ 充电桩：运用传感器采集充电桩电量、状态监测以及充电桩位置等信息，将采集到的数据实时传输到云平台，通过 App 与云平台进行连接，实现统一管理等功能。

⑤ 智能红绿灯：通过安装在路口的一个雷达装置，实时监测路口的行车数量、车距以及车速，同时监测行人的数量以及外界天气状况，动态地调控交通灯的信号，提高路口车辆通行率，减少交通信号灯的空放时间，最终提高道路的承载力。

⑥ 汽车电子标识：汽车电子标识，又叫电子车牌，通过 RFID 技术，自动地、非接触地完成车辆的识别与监控，将采集到的信息与交管系统连接，实现车辆的监管以及解决交通肇事、逃逸等问题。

⑦ 智慧停车：在城市交通出行领域，由于停车资源有限、停车效率低下等问题，智慧停车应运而生。智慧停车以停车位资源为基础，通过安装地磁感应、摄像头等装置，实现车牌识别、车位的查找与预定以及使用 App 自动支付等功能。

⑧ 高速无感收费：通过摄像头识别车牌信息，将车牌绑定至微信或者支付宝，根据行驶的里程，自动通过微信或者支付宝收取费用，实现无感收费，提高通行效率，缩短车辆等候时间等。

下面是智慧交通的一些应用场景案例：

（1）全息感知数字街道

智能交通可通过全局规划、布局设计地磁卡扣、公交 RFID、公交 GPS、信号行人检测、Wi-Fi 探针、广域雷达、智慧路口单元等多种检测设备为精细量化片区交通运行体征奠定基础（图 2-7）。

图 2-7 全息感知数字街道应用场景

（2）交通运行监测

可基于片区的全息感知能力，将汇集的数据进行初步整合分析，建立一套多个指标的综合交通运行监测体系，描绘"片区路网画像"，时刻画片区交通全局态势。总结天气、节假日、大型活动的交通运行机理和规律，为城市构建交通运行晴雨表（图 2-8）。

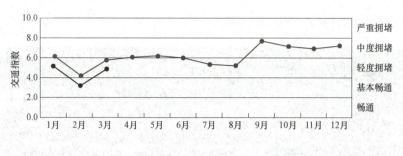

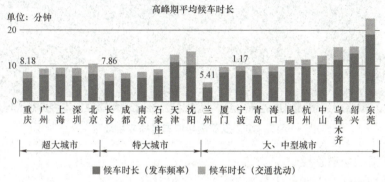

图 2-8　交通运行监测应用场景

(3) 综合治理与信号优化

建立以数据驱动交通综合治理的模式，通过科学研判和及时诊断识别片区交通运行问题，评估改善效果；建立持续监测改善优化监测的动态跟踪分析评估机制。集成设计一系列的信号优化算法，通过数据主动发现信号配时问题，构建闭环式信号优化模式。基于系统对片区信号控制路口进行数据排查，优化后部分路口整体通行效率提升（图 2-9）。

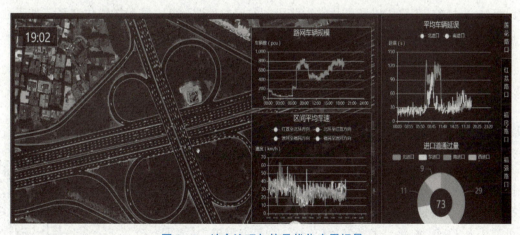

图 2-9　综合治理与信号优化应用场景

(4) 多源诱导停车管控

制定停车场数据接入标准，实现大型商业停车场泊位数据互联互通。采用统一的平台提供多样化的停车服务，包括车位预定、车位引导、反向寻车、无感支付等，贯穿停车全链条，提高停车场综合利用率。赋能第三方生态应用，利用百度、高德、腾讯地图互联网图商发布停车信息，提高平台的使用率（图 2-10）。

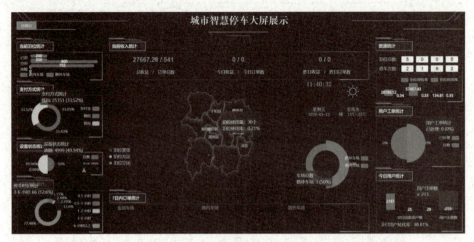

图 2-10　多源诱导停车管控应用场景

（5）大型活动交通管控

重大活动期间辅助交通管控：

赛前——通过对智慧交通系统数据和赛事路线分析提前制定诱导方案发布；

赛中——综合运用监控、道路数据监测及时调度周边警力实现主动管控；

赛后——结合监测数据对管控方案进行分析总结。

（6）应急处置在线推演

通过实时在线仿真系统，对片区范围内某一个地块建设方案的交通组织影响进行评估，对比分析不同交通组织方案下的周边道路交通运行情况，为方案实施落地提供数据决策支撑。可结合轨道施工路段以及事故常发路段制定应急处置预案，结合在线仿真系统推演测试评估事件的交通影响以及处置预案效果。

2.4　基础技术

2.4.1　智能汽车技术

智能汽车是搭载先进车载传感器、控制器、执行器等，融合现代通信与网络技术，实现人、车、路、后台等智能信息交换共享，具备复杂环境感知、智能决策、协同控制和执行等功能，可实现安全、舒适、节能、高效行驶，并最终可替代人来操作的新一代汽车。汽车被认为是继手机之后，下一个智能终端。智能汽车体系结构如图 2-11 所示。

智能汽车技术

（1）硬件——智能感知设备集成化

自动驾驶汽车是智能汽车技术的代表，可以理解为"站在四个轮子上的机器人"，利用传感器、摄像头及雷达感知环境，使用 GPS 和高精度地图确定自身位置，从云端数据库接收交通信息,利用处理器使用收集到的各类数据,向控制系统发出指令,实现加速、刹车、变道、跟随等各种操作。硬件主要包括激光测距仪、车载雷达、视频摄像头、微型传感器、GPS导航定位及电脑资料库等。汽车智能感知设备集成化如图2-12所示。

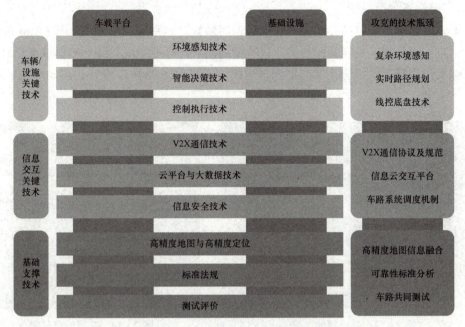

图2-11 智能汽车体系结构

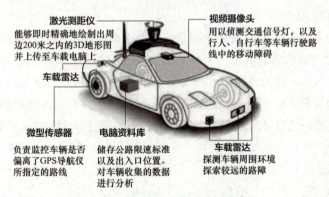

图2-12 汽车智能感知设备集成化

(2)软件——智能驾驶辅助系统集成化(Advanced Driving Assistance System,ADAS)

高级驾驶辅助系统利用安装在车上的各式各样传感器,在汽车行驶过程中随时感应周围环境,收集数据,进行静态、动态物体的辨识、侦测与追踪,并结合导航仪地图数据,进行系统的运算与分析,从而预先让驾驶者察觉到可能发生的危险,有效增加汽车驾驶的舒适性和安全性。

① 定速巡航/自适应巡航系统。

定速巡航系统(Cruise Control System,CCS)是车辆可按照一定的速度匀速前进,无须踩油门,需要减速时,踩刹车即可自动解除。自适应巡航系统(Adaptive Cruise Control,ACC)

在定速巡航功能之上，还可根据路况保持预设跟车距离以及随车距变化自动加速与减速，刹车后不能自动起步。全速自适应巡航系统相较于自适应巡航系统，工作范围更大，刹车后可自动起步。

② 车道偏离预警系统。

车道偏离警示系统包括并线辅助和车道偏离预警，分别如图2-13、图2-14所示。并线辅助也叫盲区监测，是辅助并线的，只能做到提醒，不能完成并线。车道偏离预警，大部分以摄像头作为眼睛，摄像头实时监测车道线，偏离时以图像、声音、震动等形式提醒驾驶员。

图2-13 并线辅助

图2-14 车道偏离预警

③ 智能刹车辅助系统。

智能刹车辅助系统包括机械刹车辅助系统和电子刹车辅助系统。机械刹车辅助系统也称为BA或BAS，实质是在普通刹车加力器基础上修改而成，在刹车力量不大时，起加力器作用，随着刹车力量增加，加力器压力室压力增大，启动防抱死刹车系统（ABS），它是电子紧急刹车辅助装置的前身。电子刹车辅助系统也称为EBA，其利用传感器感应驾驶员对刹车路板踩踏的力度、速度，通过计算机判断其刹车意图。若属于紧急刹车，EBA指导刹车系统产生高油压发挥ABS作用，使刹车力快速产生，缩短刹车距离；对于正常情况刹车，EBA通过判断不予启动ABS。

④ 自动泊车系统。

自动泊车系统包括超声波探测车位、摄像头识别车位及切换泊车辅助挡。超声波探测车位自带超声波传感器，探测出适合的停车空间，摄像头识别车位摄像头自动检索停车位置，并在空闲的停车位旁边自动开始驻车辅助操作，切换泊车辅助挡自动接管方向盘来控制方向，将车辆停入车位。自动泊车辅助系统如图2-15所示。

⑤ 交通标志信号灯识别。

交通标志识别（Traffic Sign Recognition，TSR），是一种提前识别和判断道路交通标识的智能高科技。TSR的另一个效用是和车辆导航系统结合，实时识别道路交通标识并将信息传输给导航系统，提前通知驾驶员前方信号灯状况。另外，TSR也可和车辆巡航系统或者影像存储系统结合使用，更有效地帮助驾驶。

图 2-15　自动泊车辅助系统

⑥ 疲劳驾驶预警系统。

疲劳驾驶预警系统（Driver Fatigue Monitor System，DFM），基于驾驶员生理图像反应，由车载计算机 ECU 和摄像头组成，利用驾驶员面部特征、眼部信号、头部运动性等推断疲劳状态，并进行报警提示和采取相应措施的装置，对驾乘者给予主动智能的安全保障。夜视系统（Night Vision System，NVS），主要使用热成像技术，即红外热成像技术：任何物体都会散发热量，不同温度的物体散发的热量不同。夜视系统可收集这些信息，再转变成可视的图像，把夜间看不清的物体清楚地呈现在眼前，增加夜间行车的安全性。

2.4.2　车联网

（1）车联网概述

车联网（Internet of Vehicle，IOV）是指车与车、车与路、车与人、车与传感设备等交互，实现车辆与公众网络通信的动态移动通信系统。它可以通过车与车、车与人、车与路互联互通实现信息共享，收集车辆、道路和环境的信息，并在信息网络平台上对多源采集的信息进行加工、计算、共享和安全发布，根据不同的功能需求对车辆进行有效的引导与监管，以及提供专业的多媒体与移动互联网应用服务（图 2-16）。

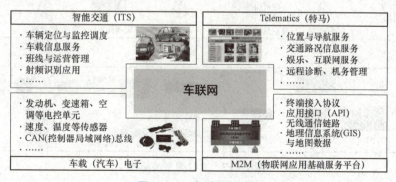

图 2-16　车联网关系图

车联网能够实现智能化交通管理、智能动态信息服务和车辆控制的一体化网络，是物联网技术在交通系统领域的典型应用，是移动互联网、物联网向业务实质和纵深发展的必经之路,是未来信息通信、环保、节能、安全等发展的融合性技术。

车联网为车辆提供无处不在的网络接入、实时安全消息、多媒体业务、辅助控制等,包含车内网和车外网。车内网通过应用成熟的总线技术建立一个标准化的整车网络实现电器间控制信号及状态信息在整车网络上的传递,实现车载电器的控制、状态监控以及故障诊断等功能。车外网用无线通信技术把车载终端与外部网络连接起来,实现车辆间、车辆和固定设施间的网络连接。

车联网有以下几个特性:

① 所有车辆都是具有独立身份和独立思考能力的智能体,就像一个智能机器人,能自动判断路况,不需人驾驶。

② 所有车辆都可以实时感知自身,以及与其相关的物体的身份和状态。借助无线通信,城市内车与车之间,车与建筑物之间,以及车与城市基础设施之间实现互联互通。

③ 所有车辆所在的系统呈现出物体协同运作、系统状态最优的自组织运行模式。车辆如深海中的鱼群快速地游动却彼此永不相撞。

(2) 车联网架构

① 车联网系统架构。

车联网技术是在交通基础设备日益完善和车辆管理难度不断加大的背景下提出的,到目前为止仍处于初步的研究探索阶段,但经过多年的发展,当前已基本形成了一套比较稳定的车联网技术体系结构。在车联网体系结构中,主要有三大层次,由高到低分别是应用层、网络层和感知层(图2-17)。

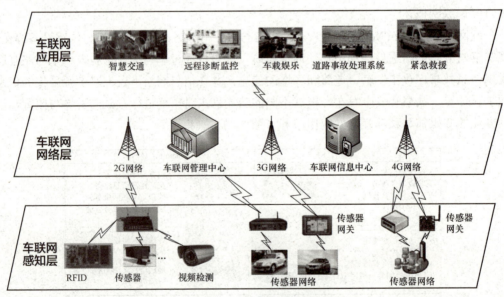

图2-17 车联网系统架构

(a) 应用层:

应用层是车联网的最高层次,可以为联网用户提供各种车辆服务业务,从当前最广泛就业的业务内容来看,主要就是由全球定位系统取得车辆的实时位置数据,然后反馈给车联网控制中心服务器，经网络层的处理后进入用户的车辆终端设备，终端设备对定位数据进行相应的分析处理后，可以为用户提供各种导航、通信、监控、定位等应用服务。

（b）网络层：

网络层主要功能是提供透明的信息传输服务，即实现对输入输出的数据的汇总、分析、加工和传输，一般由网络服务器以及 Web 服务器组成。GPS 定位信号及车载传感器信号上传到后台服务中心，由服务器对数据进行统计的管理，为每辆车提供相应的业务，同时可以对数据进行联合分析，形成车与车之间的各种关系，成为局部车联网服务业务，为用户群提供高效、准确、及时的数据服务。

（c）感知层：

由多种传感器及传感器网关构成，包括车载传感器和路侧传感器。感知层是车联网的神经末梢，是信息的来源。通过这些传感器，可以提供车辆的行驶状态信息、运输物品的相关信息、交通状态信息、道路环境信息等。

② 车联网网络架构。

车联网的网络架构主要由车车之间的通信和车路之间的通信组成。车辆通过安装的车载单元（Onboard Unit，OBU）与其他车辆或者固定设施进行通信。这里的固定设施通常指的是路边单元（Roadside Unit，RSU）。车载单元包括信息采集模块、定位模块、通信模块等。路边单元一方面将车辆的信息上传至控制中心，另一方面也将控制中心下发的指令和相关信息传给车辆。控制中心将其管理区域内路侧单元获取的车辆相关信息进行汇总以对交通状况进行实时监控，包括交通管理模块、紧急事故处理模块、动态交通诱导模块、停车诱导模块等。此外，驾驶员和乘客也可通过智能手机等设备与车载单元和路边单元连接，获取所需的信息（图 2-18）。

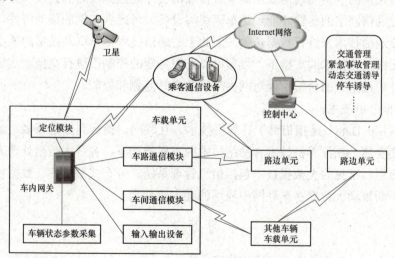

图 2-18 车联网网络架构

（3）车联网关键技术

车联网就是将多种先进技术有机地运用于整个交通运输管理体系而建立起的一种实时的、准确的、高效的交通运输管理和控制系统以及由此衍生的诸多增值服务。

① 射频识别技术（RFID）。

射频识别技术是通过无线射频信号实现物体识别的一种技术，具有非接触、双向通信、自动识别等特征，对人体和物体均有较好的效果。RFID 不但可以感知物体位置，还能感知物体的移动状态并进行跟踪。RFID 定位法目前已广泛应用于智慧交通领域，尤其是车联网技术中更是对 RFID 技术有强烈的依赖，成为车联网体系的基础性技术。RFID 技术一般与服务器、数据库、云计算、近距离无线通信等技术结合使用，由大量的 RFID 通过物联网组成庞大的物体识别体系。

② 传感网络技术。

车辆服务需要大量数据的支持，这些数据的原始来源正是由各类传感器进行采集。不同的传感器或大量的传感器通过采集系统组成一个庞大的数据采集系统，动态采集一切车联网服务所需要的原始数据，例如车辆位置、状态参数、交通信息等。当前传感器已由单个或几个传感器演化为由大量传感器组成的传感器网络，并且通能够根据不同的业务进行处性化定制，为服务器提供数据源，经过分析处理后作为各项业务数据为车辆提供优质服务。

③ 卫星定位技术。

随着全球定位技术的发展，车联网的发展迎来了新的历史机遇，传统的 GPS 系统成为车联网技术的重要技术基础，为车辆的定位和导航提供了高精度的可靠位置服务，成为车联网的核心业务之一。随着我国北斗导航系统的日益完善并投入使用，车联网技术又有了新的发展方向，并逐步实现向国产化、自主知识产权的时期过渡。北斗导航系统将成为我国车联网体系的核心技术之一，成为车联网核心技术自主研发的重要开端。

④ 无线通信技术。

传感网络采集的少量处理需要通信系统传输出去才能得到及时的处理和分析，分析后的数据也要经过通信网络的传输才能到达车辆终端设备。考虑到车辆的移动特性，车联网技术只能采用无线通信技术来进行数据传输，因此无线通信技术是车联网技术的核心组成部分之一。在各种无线传输技术的支持下，数据可以在服务器的控制下进行交换，实现业务数据的实时传输，并通过指令的传输实现对网内车辆的实时监测和控制。

⑤ 大数据分析技术。

大数据（Big Data）是指借助于计算机技术、互联网，捕捉到数量繁多、结构复杂的数据或信息的集合体。在计算机技术和网络技术的发展推动下，各种大数据处理方法已经开始得到广泛的应用。常见的大数据技术包括信息管理系统、分布式数据库、数据挖掘、类聚分析等，成为不断推动大数据在车联网中应用的强大驱动力。

习题2

2-1 阐述人工智能在交通领域的作用。
2-2 什么是智能网联汽车？它有哪些特点？
2-3 什么是车联网？它有哪些特性？
2-4 阐述车联网的架构和关键技术。

单元 3

智慧楼宇

3.1 背景引入

对于传统楼宇，相信大家都会有这样的感受：联动性差、信息孤岛、耗能无监管、安全无保障……在效率为王的今天，它越来越无法满足人们对智能办公、节能环保的追求。

传统楼宇的缺点如下：

① 各种设备分散管理，子系统众多，无法对这些设备进行集中、关联控制与管理，信息无法透明化；运营维护依赖人工，出现问题被动响应，费时耗力，管理成本高；管理粗放，设备闲置率高，节能环保的建设与运行机制难以发挥作用；人性化体验的设计难以落地，缺乏智慧能力。

② 每一次楼宇管理模式的创新都源自迫切的需求。对于大多数企业来说，建筑是能源浪费的主要载体，建筑能耗成本占总运营成本的30%，节能降耗成为企业管理重中之重。但随着人工成本上升，技术手段缺乏，资产管理服务日益复杂，传统以手工为主的工作方式造成人力成本的快速上涨，急需新的技术手段支持。

随着新技术不断涌现，新需求也不断成熟，特别是物联网、云计算、大数据、人工智能等新技术的快速发展和应用为智慧楼宇赋予了新的内容与内涵，可以很好地解决上述问题。

20世纪90年代初，通过对旧式建筑进行升级改造，对楼宇的空调、电梯、照明、防盗等设备采用计算机进行监测控制，为楼宇提供语音通信、文字处理和情报资料等信息服务，诞生了世界上第一座智慧楼宇，至此智慧楼宇概念才逐渐被大众所知。

智慧楼宇自引入我国市场后就迎来了高速发展，如今的智慧楼宇相对早期有着天翻地覆的改变，随着科技不断进步，随着城市化进程和智慧城市建设，其发展呈爆发式的增长趋势。

高耗能、低效能一直是我国楼宇建筑中普遍存在的突出问题。一方面，企业对楼宇实现节能降耗从而降低运营成本这一旺盛的需求意味着智慧楼宇存在庞大的市场空间。另一方面，随着城市经济发展提速，传统楼宇经济模式也发生变革，迫切需要新的技术手段去打破僵局，打造出面向未来的绿色、智能、现代化的智慧楼宇。

从目前市场需求来看，楼宇智能化需求主要基于两部分：一是新建应用，即新建的建筑直接智能化应用；二是升级改造，据统计，在我国的存量建筑中，每年约3%（平均改造周期 30 年）的住宅以及 6%（平均改造周期 15 年）的工业、公共建筑会进行智能化改造，预计未来几年市场份额将达百亿，可见其趋势。

　　智慧楼宇系统主要由监控系统、报警系统、门禁系统、数字信息分析和处理等部分构成，也是安防产业重点布局领域，其中涉及生命财产和安全，不容忽视，此外涉及专业要求较高，门槛颇高，因此需要企业具备扎实领先的技术，进行多领域融合、跨平台联动等形成一套综合解决方案。

　　智慧楼宇建设涉及的子系统众多，系统高度集成，覆盖面极广，横跨多领域多业态，虽然实现难度大，但行业特点明显，需求越来越细致，带动着产业链发展，因此目前已经有越来越多的安防企业逐渐加入楼宇智能化建设当中，试图占领市场份额。

　　智慧楼宇和人们的生活息息相关，楼宇智能化的升级提高，极大地改善人们智能化生活，换言之，智慧楼宇发展将是必然趋势，也是人们需求所致。

　　楼宇作为建筑基础设施的主体，为人们提供了重要的生存空间。据有关统计，现代人的一生中约有 90%的时间是生活在楼宇内的，因此，如何有效保证楼宇建筑设施的可持续发展，如何创造既舒适节能又健康智能的完美空间成为智能建筑行业的重要课题。

3.2 核心内涵

3.2.1 智慧楼宇的概念

　　2019 年 8 月在上海举行的"2019 年世界人工智能大会"中的"AI 赋能智慧建筑"论坛上，上海市楼宇科技研究会的"智慧楼宇评价指标体系"首次把智能化楼宇、绿色建筑、云计算等科技和楼宇综合管理融合集成在一起，形成了"智慧楼宇"（Smart Building）的概念，并形成绿色建筑、自动化集成、现代物业管理和融入"智慧城市"等四大体系的评价方法与内容，受到海内外广泛关注。

智慧楼宇的特点

　　智慧楼宇是以建筑物为平台，以通信技术为主干，利用系统集成的方法，将计算机技术、网络技术、自控技术、软件工程技术和建筑艺术设计有机地结合起来，打通各个孤立系统间的信息壁垒，使楼宇成为一个信息互通的智能主体，以实现对楼宇的智能管理及其信息资源的有效利用。智慧（Smart）系统，就像是人的大脑，它是一个整体，将所有子系统融合在一起，不仅仅是硬件，而是通过软硬件的结合实现各个系统、网络的真正融合。比如，通过电子配线架能将布线连接信息和其他管理系统进行数据融合，不同系统间的数据可以自由流动和共享等。

3.2.2 智慧楼宇的组成

　　① 网络层由传输媒介和 IP 功能控制器组成，通俗地说，就是以无线通信网络作为传输介质，通过物联网标准的通信协议将感知层信号传递给相应的 IP 功能控制器。

　　② 完全呈现物联网的整体架构，并且最上层以云计算技术实现整体的管理和控制。

　　③ 感知层由各类网络传感器组成，包括楼控系统中的所有传感器、行业认知的摄像头、

红外辐射传感器、各类门禁传感器、智能水电气表、消防探头等,全部以网络化结构形式组成建筑"智慧化"大控制系统的传感网络。

④ 应用层由集中管理和分散应用的功能软件组成,仍旧符合"集散控制原则"。功能软件决定着 IP 功能控制器的应用范围和控制功能,并且能够在同一个管理软件层面实现不同功能控制需求,实现大融合的集成控制模式。

⑤ 云计算作为最上端的集中管理和控制平台,实现建筑群的整体管控功能,运用"集散控制"原则将单栋建筑的"小集散控制"系统扩展至建筑群的"大集散控制"系统,使建筑群整体的传感单元(感知层的传感器)、控制单元(应用层的 IP 功能控制器和功能控制软件)、执行单元(应用层的 IP 功能控制器和现场执行设备)、反馈单元(感知层的反馈机构和传感器)组成大控制回路,实现建筑群的大闭环控制和管理。

⑥ 建筑级别的大容量现场存储设备,包括大量历史数据存储设备(现主要是建筑能耗采集服务器、存储服务器和分析服务器等)、视频存储设备(现主要是硬盘录像机等)将会逐步被网络备份系统——"云存储"平台替代。

智慧楼宇要素如图 3-1 所示。

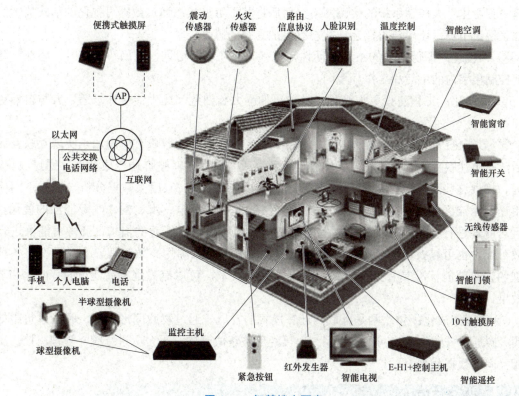

图 3-1 智慧楼宇要素

3.2.3 智慧楼宇分类

根据其功能属性、归属属性,可将楼宇分为以下 5 类:
① 智慧写字楼——独立办公楼,可租赁给各个公司。

② 智慧园区——由多个写字楼组成园区，且有停车场、餐饮等配套设施。
③ 智慧联合办公空间——服务于创业型企业，企业间共用会议室、打印机等公共设施与空间。
④ 智慧酒店——服务于独立用户，实现更加智慧化的入住、离店等。
⑤ 智慧政企——政府企业等现代化智能管理办公大楼。

3.2.4 智慧楼宇的特点

经过物联网技术的升级改造，楼宇将呈现以下特点：
① 智能化：作为管控对象的物本身更加智能化。
② 信息化：完全呈现物联网的整体架构，充分发挥物联网开放性的基本特点，并且最上层以云计算技术实现整体的管理和控制，提供全方位的信息交换功能，帮助楼宇内单位与外部保持信息交流畅通。
③ 可视化：即将各类网络传感器，包括楼控系统中的所有传感器、行业认知的摄像头、红外辐射传感器、各类门禁传感器、智能水电气表、消防探头等全部以网络化结构形式组成建筑"智慧化"大控制系统的传感网络，而后将其不可见状态通过数据可视化的形式清晰明了地呈现给用户，让用户对楼宇内状态有更加直观的感受。
④ 人性化：即保证人的主观能动性，重视人与环境的协调，使用户能随时、随地、随心地控制楼宇内的生活和工作环境。
⑤ 简易化：工程建设更加简易，功能更加强大和细致，让生活更加舒适，人与自然更加和谐。
⑥ 节能化：由于建筑等级的提高，楼宇中各种新设备的数量有所增加，实现互联互通之后，能源互联网使能源消耗、碳排放指标和生活需求都能够被打通变成数据，通过收集、整理、挖掘这些运行数据，结合云计算、云存储等新技术，应用大数据分析，根据不同能源用途和用能区域进行分时段计量和分项计量，分别计算电、水、油、气等能源的使用，并且对能耗进行预测，能了解不同的能源使用情况和用户对能源的需求，及时对能源进行有效分配，也可以找出同类型建筑的能源消耗，实现对能源的高效管理。这对于设立各种类型的建筑节能标准具有指导意义，通过物联网技术，可以有效地提高建筑的智能化和节能效果。
⑦ 高度集成化：物联网是互联网计算模式的发展。通过物联网形态化，智能建筑中如照明、暖通、安防、通信网络等子系统，已经可被集成到同一平台上进行统一管理监控，实现相互间的数据分享。

3.2.5 智慧楼宇的功能

（1）大数据为楼宇提供云服务

楼宇大数据的采集和分析让楼宇云服务的提供成为可能。智慧楼宇的系统网络可对物业数据进行自动追踪，了解物业人员的偏好，自动配置照明、暖通、电梯等系统。此外，智慧楼宇行业也渐渐注重被传统楼宇企业忽略的客户数据，通过追踪客户的作息时间、消费行为等数据，给客户提供更好的服务体验，甚至为商家创造商机。

（2）提升楼宇节能效果

由于建筑等级的提高，楼宇中各种新设备的数量有所增加，实现互联互通之后，通过收集、整理、挖掘这些设备的运行数据，结合云计算、云存储等新技术，应用大数据分析，可以找出同类型建筑的能源消耗，这对于设立各种类型的建筑节能标准具有指导意义，通过物联网技术，可以有效地提高建筑的智能化和节能效果。

（3）能源互联网让楼宇能源管理更主动

"互联网+"概念提出后，能源互联网的蓄势待发为智慧楼宇行业指明了跟随国家脚步的发展方向。智能建筑将成为能源互联网中最具有想象力的部分。

（4）增强楼宇自动感知能力

智慧楼宇需要部署大量的传感器，除了常见的温度、湿度、光照度传感器以外，还有现在新兴的空气质量传感器，包括CO_2传感器、PM2.5传感器、甲醛传感器等。物联网技术实现传感器之间互联互通，增强楼宇自动感知能力。

（5）物联网使楼宇高度集成

物联网是互联网计算模式的发展。通过物联网形态化，智能建筑中如照明、暖通、安防、通信网络等子系统，已经可被集成到同一平台上进行统一管理监控，实现相互间的数据分享。这一趋势不仅要求系统集成商能够提供标准协议接口，开放集成其他应用，而且要求其不断完善开发统一平台，提供更优质的整合解决方案。

另外，智慧楼宇综合管控平台对楼宇进行集中监管、能源管理、运维管理等，实现各系统联动控制、协同处置，降低能源消耗、运维成本，提升楼宇环境舒适度，延长设备设施寿命，打造安全、舒适、便捷、智慧的楼宇，实现精细化管理目标，为人们提供安全、高效、便捷、节能、环保、健康的环境。

3.3 应用案例

3.3.1 智慧楼宇的应用场景

一幢幢钢筋水泥构筑起来的大楼，如何通过先进的技术和应用，让它变得智慧起来，使其具备聪明的"大脑"和敏锐的视觉、感觉、听觉以及触觉，可以对信息进行收集、处理和做出适当反应，正成为各方关注的热点。

（1）停车场

——智慧停车　无须兜兜转转找车位

停车难、停车管理难，是许多楼宇面临的共同问题。有了智慧停车服务后，一切变得简单。车辆到达楼宇停车场门口时，通过摄像头对车牌进行自动识别，识别通过后道闸自动开启，无须人工干预。寻找车位停车也不用兜兜转转，通过地磁和超声波传感器，什么地方有停车位变得可视化，车主可以直奔空车位而去。智慧停车提供的"反向寻车"服务，可将车主直接"导航"至停车位。离开时，也不需要停下车来，只要将支付方式和车牌进行绑定，识别后就能进行无感支付（图 3-2）。

图 3-2 智慧楼宇——停车场

（2）电梯

——智慧电梯 实时监控故障实时告警

停好车，走到楼宇入口，按下电梯按键，等着电梯的到来。但是，这部电梯"健康"程度如何？是否足够安全呢？

智慧楼宇解决方案中的智慧电梯应用，能提供电梯全生命周期管理，推动被动维护走向预测性维护，保障电梯安全。即使是传统电梯，也可以通过加装多种传感器，来获取电梯的运行数据，对隐患进行预判。

一旦相应的指标出现异常或者达到临界值，系统就会及时告知物业，电梯存在何种隐患，进而及时通知技术人员进行维修。

通过电梯内安装的智能摄像头，管理人员可以对轿厢内的情况进行实时视频查看，当发生人员被困的情况，可以实时通过电话与短信通知相关人员，并进行视频通话和救援（图 3-3）。

图 3-3 智慧楼宇——电梯

（3）大堂、商场

——智慧客流 楼宇管理好帮手

出了电梯,来到楼宇大堂,这里人员不停地进出,有楼宇内的工作人员,也有访客、快递小哥这些外来人员。很多楼宇大堂都安装了摄像头,但是一直以来这些摄像头只是起到拍摄视频的作用。

有了智能客流分析系统后,在此基础上可以进行识别和人流分析,为物业管理决策提供参考和依据。比如在某楼宇,对人流分析后发现,在外来人员的构成中,快递和外卖小哥的占比颇高,那么物业就可以考虑在大堂设置专门的快递点、外卖点,从而避免快递人员频繁进出,给内部办公区域带来不利影响。

不少楼宇内设有购物商场、饮食广场,这些是人流量较大的区域。通过智能客流分析系统,可以实时展现人流热力图,一旦区域内人员密度达到阈值,物业管理方可以及时采取措施,调集更多人力到现场进行保障。通过智能分析,还可以对顾客的人群特征和运动行为进行分析,帮助楼宇物业和商户更好了解用户(图3-4)。

图3-4 智慧楼宇——大堂、商场

(4) 办公区域门口

——智慧前台 企业办公变得智能高效

以前,企业所使用的传统考勤机、门禁系统等,存在效率低下、不能有效覆盖企业办公场景的问题。智慧前台的使用,则让企业人士再也没有这些烦恼。

智慧前台采用了业内领先的人脸识别算法,能快速进行识别,员工只要看智慧前台终端一眼,就能极速打卡,考勤更加快速方便。

针对企业访客,内部人员可以事先在智慧前台录入访客的人脸信息,或者将特定的二维码发送给访客,访客到达后,可以刷脸或者直接扫码进入。

智慧前台还能打造智慧会议室,会议发起人可以通过智慧前台查看公司会议室的使用状态,并在线预订和选定与会人员。到开会时间,与会人员可以刷脸进入会议室(图3-5)。

(5) 大楼设备控制间

——能耗监控 能源管理化静态为动态

一直以来,楼宇的能耗管控存在静态化现象,只能事后对着电费单、水费单进行粗略判断和简单应对,缺乏有效的数字化工具,对能耗信息进行实时采集和分析,进而制定完善、细致的管理方案。

图 3-5　智慧楼宇——办公区域门口

能源数字化管理解决方案,以虚拟现实技术为基础,充分利用数字化技术,用动态交互的方式全方位了解建筑全况,让能耗信息可视化。

通过感知设备云化管理,能降低前期投入,提高感知设备的管理效率。通过统一能效管理平台进行管理和控制,提高能源效率,减少楼宇运营成本,进而实现楼宇事件智慧处理,通过物联网、大数据的使用,实现数字管理向智能化管理的转变。

比如,通过能源物联网平台楼宇设备入网,实现设备的自调用及能源优化策略的实施,通过智慧照明系统实现无人化运营,最大限度提高照明能耗利用率和巡检压力(图 3-6)。

图 3-6　智慧楼宇——大楼设备控制间

(6)指挥调度室

——智慧对讲　指挥调度更得心应手

对于楼宇管理方来说,要提供高效服务,管理和保障人员的手中必须有趁手的"兵器",这就是智慧对讲。

对讲平台是基于 4G/5G 公网的集群业务平台,产品功能丰富,新平台在原有的单呼、组呼、多媒体共享等业务功能的基础上,增添了多路群组守候、实时录音、实时视频、可视化调度功能;对讲的距离不受限制,只要有手机信号覆盖,就能自由对讲通话,而且天翼对讲的通话保密性强，不会产生频点相同导致泄密。

（7）卫生间

——智慧云厕　将异味消灭于"萌芽"

在一幢楼宇内，卫生间同样是重要区域，也是物业关心的区域，卫生间是否干净无异味，成为关注焦点。在传统方式下，保洁员基本上定时进行打扫，但是无法实时保证卫生间干净无异味。

智慧云厕带来楼宇卫生间环境解决方案，通过物联网手段，远程监测卫生间空气质量情况，而且根据实时数据，提供空气净化之类的服务。一旦空气指标不佳，净化设备就会自动启动，无须人工干预，从而保证无异味。

（8）大楼外

——智慧广告牌　危险来临前会预警

这些年来，大型广告牌坠落伤人甚至致人死亡的事件在国内不少地方都有发生。如何确保广告牌的安全，不让它成为伤人杀人的"凶器"，正受到各方的重视。

智慧广告牌，是一块会"说话"、能喊"救命"的广告牌，在隐患出现、危险发生之前，它会发出预警。

它是如何做到的呢？物联网技术在其中发挥了重要作用：倾角传感器能够监测广告牌的实时状态，并进行数据分析，如果倾角出现异常，就会自动报警，支持以微信推送、短信和电话语音等多种方式进行报警（图3-7）。

图3-7　智慧楼宇——大楼外

3.3.2　智慧楼宇的产品形态

智慧建筑=智能化的调度指挥系统（大屏）+智能管理系统（PC端）+智能终端App，由这三部分打造一套通用的智慧建筑监控管理指挥平台。

（1）智能化的调度指挥系统（大屏）

即"一张图"，集成所有数据信息，以直观的数据形态、楼宇形态展示数据内容，能够实现日常监控、报警、管理调度等工作。大屏应能满足不同人员的需求。楼宇管理层人员通过大屏，可以快速了解安全状况数据、运营绩效数据；工作人员看大屏，可快速定位故障或工作内容发生地点，也可快速定位查询数据信息等。管理者看大屏，可以快速了解楼宇管理概况、楼宇健康运行状况、当前安全状况、环境状况、楼宇租赁及资源耗费情况等；工作人员看大屏可定位到自身岗位范围的楼宇健康状况或报警状况等；在写字楼上班的人可以查看公司所在楼层的环境状况；临时拜访人员，可通过大屏感受大厦整体环境，了解待去的公司位置信息，了解拜访流程等。数据内容包含人流管理、能源管理（水电消耗、能源消耗等）、环境监测（温度、空气、风量、雾霾）、设备管理（电梯、停车场、水管、空调、供暖、通风、供电等所有设备，消防设备的故障诊断、故障预测）、安全监测（视频、巡更、火源等）。

（2）智能管理系统（PC 端）

PC 端重点实现的功能为管理和运维，楼宇自动化各个系统的详情查看、调用等，支持用户增删改查部分数据、报表，支持数据报表等的流转审批，支持生成定制化的数据看板等。重点是集成楼宇各个自动化系统的数据，实现实时警报、历史数据查询功能。

（3）智能终端 App

由楼宇管理人员 App+租赁方工作人员 App+拜访人员 App 组成。

楼宇工作人员需要 App 实现办公自动化，例如：设备发生故障后去检修，可通过移动端 App 直接派单给相关工作人员，工作人员过去后可将故障类型、维修情况等信息通过 App 一键上传至管理中心。在楼宇上班的人通过 App 可实现自由出入、自由购物、办公打卡、办公流转等相关功能。拜访人员 App：可开发相应小程序，楼宇内部办公企业将拜访人员提前在系统中报备，拜访人员到来时，可通过扫码进入小程序调取出入楼宇二维码、拜访流程、拜访企业位置信息、当前楼宇环境等相关信息。

3.4 基础技术

3.4.1 物联网概念

物联网（Internet of things，IoT）概念最早出现于比尔·盖茨 1995 年《未来之路》一书，在《未来之路》中，比尔·盖茨已经提及物联网概念，只是当时受限于无线网络、硬件及传感设备的状况，并未引起世人的重视。

1998 年，美国麻省理工学院创造性地提出了当时被称作 EPC 系统的"物联网"的构想。1999 年，美国 Auto-ID 首先提出"物联网"的概念，主要是建立在物品编码、RFID 技术和互联网的基础上。过去在中国，物联网被称为传感网。中科院早在 1999 年就启动了传感网的研究，并取得了一些科研成果，建立了一些适用的传感网。同年，在美国召开的移动计算和网络国际会议提出，"传感网是下一个世纪人类面临的又一个发展机遇"。2003 年，美国《技术评论》提出传感网络技术将是未来改变人们生活的十大技术之首。2005 年 11 月 17 日，在突尼斯举行的信息社会世界峰会（WSIS）上，国际电信联盟（ITU）发布了《ITU 互联网报告 2005：物联网》，正式提出了"物联网"的概念。报告指出，无所不在的"物联网"通信时代即将来临，世界上所有的物体从轮胎到牙刷、从房屋到纸巾都可以通过因特网主动进行交换。射频识别技术（RFID）、传感器技术、纳米技术、智能嵌入技术将得到更加广泛的应用。

物联网即"万物相连的互联网",是互联网基础上的延伸和扩展的网络,将各种信息传感设备与网络结合起来而形成的一个巨大网络,实现在任何时间、任何地点,人、机、物的互联互通(图3-8)。

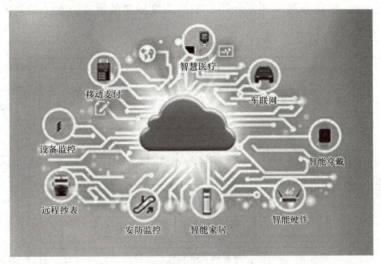

图3-8 物联网

物联网是新一代信息技术的重要组成部分,IT行业又叫泛互联,意指物物相连,万物万联。由此,"物联网就是物物相连的互联网"。这有两层意思:第一,物联网的核心和基础仍然是互联网,是在互联网基础上延伸和扩展的网络;第二,其用户端延伸和扩展到了任何物品与物品之间,进行信息交换和通信。因此,物联网的定义是通过射频识别、红外感应器、全球定位系统、激光扫描器等信息传感设备,按约定的协议,把任何物品与互联网相连接,进行信息交换和通信,以实现对物品的智能化识别、定位、跟踪、监控和管理的一种网络。

物联网的应用领域涉及方方面面,在工业、农业、环境、交通、物流、安保等基础设施领域的应用,有效推动了这些方面的智能化发展,使得有限的资源更加合理地使用分配,从而提高了行业效率、效益。物联网应用于家居、医疗健康、教育、金融与服务业、旅游业等与生活息息相关的领域,从服务范围、服务方式到服务质量等方面都有了极大的改进,大大提高了人们的生活质量;在涉及国防军事领域方面,虽然还处在研究探索阶段,但物联网应用带来的影响也不可小觑,大到卫星、导弹、飞机、潜艇等装备系统,小到单兵作战装备,物联网技术的嵌入有效提升了军事智能化、信息化、精准化,极大提升了军队战斗力,是未来军事变革的关键。

3.4.2 物联网技术架构

物联网技术体系架构分为3层,自下而上分别是感知层、网络层和应用层。感知层实现物联网全面感知的核心能力,是物联网中关键技术、标准化、产业化方面亟须突破的部分,关键在于具备更精确、更全面的感知能力,并解决低功耗、小型化和低成本问题。网络层主要以广泛覆盖的移动通信网络作为基础设施，是物联网中标准化程度最高、产业化能力最强、最成熟的部分，关键在于为物联网应用特征进行优化改造，形成系统感知的网络。应用层提供丰富的应用，将物联网技术与行业信息化需求相结合，实现广泛智能化的应用解决方案，关键在于行业融合、信息资源的开发利用、低成本高质量的解决方案、信息安全的保障及有效商业模式的开发（图3-9）。

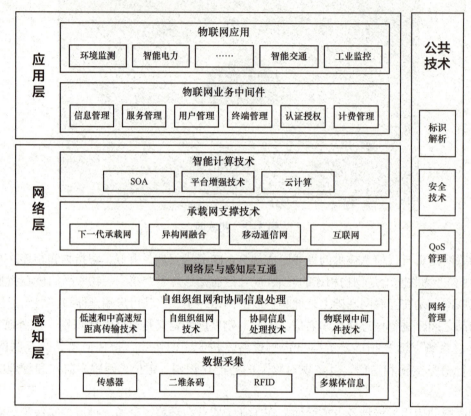

图3-9　物联网技术体系架构

3.4.3　物联网关键技术

（1）射频识别技术（RFID）

谈到物联网，就不得不提到物联网发展中备受关注的射频识别技术。RFID是一种简单的无线系统，由一个询问器（或阅读器）和很多应答器（或标签）组成。标签由耦合元件及芯片组成，每个标签具有扩展词条唯一的电子编码，附着在物体上标识目标对象，它通过天线将射频信息传递给阅读器，阅读器就是读取信息的设备。RFID技术让物品能够"开口说话"。这就赋予了物联网一个特性，即可跟踪性。就是说人们可以随时掌握物品的准确位置及其周边环境。

物联网关键技术

（2）MEMS

MEMS是微机电系统（Micro-Electro-Mechanical Systems）的英文缩写。它是由微传

感器、微执行器、信号处理和控制电路、通信接口和电源等部件组成的一体化的微型器件系统。其目标是把信息的获取、处理和执行集成在一起，组成具有多功能的微型系统，集成于大尺寸系统中，从而大幅度地提高系统的自动化、智能化和可靠性水平。它是比较通用的传感器。因为 MEMS 赋予了普通物体新的生命，它们有了属于自己的数据传输通路，有了存储功能、操作系统和专门的应用程序，从而形成一个庞大的传感网。这让物联网能够通过物品来实现对人的监控与保护。遇到酒后驾车的情况，如果在汽车和汽车点火钥匙上都植入微型感应器，那么当喝了酒的司机掏出汽车钥匙时，钥匙能透过气味感应器察觉到一股酒气，就通过无线信号立即通知汽车"暂停发动"，汽车便会处于休息状态。同时"命令"司机的手机给他的亲朋好友发短信，告知司机所在位置，提醒亲友尽快来处理。不仅如此，未来衣服可以"告诉"洗衣机放多少水和洗衣粉最经济；文件夹会"检查"我们忘带了什么重要文件；食品蔬菜的标签会向顾客的手机介绍"自己"是否真正"绿色安全"。这就是物联网世界中被"物"化的结果。

（3）M2M 系统框架

M2M 是 Machine-to-Machine/Man 的简称，是一种以机器终端智能交互为核心的网络化的应用与服务。它将对管理对象实现智能化的控制。M2M 技术涉及 5 个重要的技术部分：机器、M2M 硬件、通信网络、中间件、应用。基于云计算平台和智能网络，可以依据物联网获取的数据进行决策，改变对象的行为进行控制和反馈。拿智慧停车场来说，当该车辆驶入或离开天线通信区时，天线以微波通信的方式与电子识别卡进行双向数据交换，从电子车卡上读取车辆的相关信息，在司机卡上读取司机的相关信息，自动识别电子车卡和司机卡，并判断车卡是否有效和司机卡的合法性，核对车道控制电脑显示与该电子车卡和司机卡一一对应的车牌号码及驾驶员等资料信息；车道控制电脑自动将通过的时间、车辆和驾驶员的有关信息存入数据库中，车道控制电脑根据读到的数据判断是正常卡、未授权卡、无卡还是非法卡，据此做出相应的回应和提示。另外，家中老人戴上嵌入智能传感器的手表，在外地的子女可以随时通过手机查询父母的血压、心跳是否稳定；智能化的住宅在主人上班时，传感器自动关闭水电气和门窗，定时向主人的手机发送消息，汇报安全情况。

（4）云计算（Cloud Computing）

云计算旨在通过网络把多个成本相对较低的计算实体整合成一个具有强大计算能力的完美系统，并借助先进的商业模式让终端用户可以得到这些强大计算能力的服务。如果将计算能力比作发电能力，那么从古老的单机发电模式转向现代电厂集中供电的模式，就好比现在大家习惯的单机计算模式转向云计算模式，而"云"就好比发电厂，具有单机所不能比拟的强大计算能力。这意味着计算能力也可以作为一种商品进行流通，就像煤气、水、电一样，取用方便、费用低廉，以至于用户无须自己配备。与电力是通过电网传输不同，计算能力是通过各种有线、无线网络传输的。因此，云计算的一个核心理念就是通过不断提高"云"的处理能力，不断减少用户终端的处理负担，最终使其简化成一个单纯的输入输出设备，并能按需享受"云"强大的计算处理能力。物联网感知层获取大量数据信息，在经过网络层传输以后，放到一个标准平台上，再利用高性能的云计算对其进行处理，赋予这些数据智能，才能最终转换成对终端用户有用的信息。

习题 3

3-1 阐述人工智能在建筑领域的作用。
3-2 什么是智慧楼宇？它有哪些特点？
3-3 什么是物联网？它有哪些特性？
3-4 阐述物联网的架构和关键技术。

单元 4 智慧政务

4.1 背景引入

传统政务机构服务，由于每天接待人数众多，工作人员常常很难对每个人详细解答所有基本问题。同时，一些基本政务办理服务仍需排队，使得很多政务办理机构天天"人满为患"，办理效率不高，还耗时耗力，政务服务的体验感较差。

而随着科技的不断进步，为提升办理效率和服务体验，采用人工智能、互联网、大数据等新技术的智慧政务，正成为当前热门产业之一。越来越多现代化、智能化设备，逐渐出现在众多政务机构服务办理中。

人工智能等新技术会在智慧政务中得到充分的应用。从智能化管理来看，人工智能将在交通、环保、市场监管、公共安全等领域获得新的突破。另外，市场监管精准化的要求，有可能促进人工智能在市场监管乃至社会管理的某些特定领域发挥更大的作用。

人工智能充分利用人力资源和大数据，并通过专门设计的算法来实现更有针对性和更有效率的服务。政务人工智能应用不仅仅是语音识别、人脸识别等人工智能程序在政务中的局部应用，而是人工智能与政府管理和服务相融合，实现更加高效和精准的政府管理和服务。人工智能最重要的价值在于自学习、自适应和自服务，人工智能与政府管理和服务的融合，使得政府管理和服务具有了智能的属性，能够不断进化和适应时代的发展，实现随需应变。它可以对整个城市进行全局实时分析，自动调配公共资源，修正城市运行中的问题。

人工智能技术将能够实现弹性可伸缩的政府服务、基于数据驱动的政府服务、智能高效的政府服务。基于人工智能三位一体的建设，能够实现个性化、云端化、数据化、智能化的新时代政府服务。人工智能与政务融合将经历四个发展阶段。

第一阶段是专业化设计与处理部分政务任务阶段。在这一阶段，利用专用的人工智能程序，对某种特殊的政务工作进行仿真和替代，特别是对于那些技术含量低、数据量大、需要人工多的领域，例如安全与交通图像识别、政务应答服务、自动驾驶等。人工智能逐渐在大量的简单劳动中替代自然人，同时，人类依然保存着最后的判断权和决策权。

第二阶段是人对人工智能政务训练阶段。在这一阶段，人工智能已经较多地应用到某些具体部门并显示了强大的效率和低成本性，逐渐在政府体系大面积推广人工智能，在政务的各个环节训练人工智能进行模仿。从最高层的决策到最基层的街头执法，人工智能都不断介入，并通过互联网和大数据平台，逐渐形成统一的智慧管理体系。以上的前两个阶段，从全社会来看，大体处于弱人工智能阶段。

第三阶段是人与人工智能的共同工作阶段。伴随着人工智能在行政体系内部的推广和人工智能本身的发展，通用型人工智能出现，人工智能在效率、能力、准确性等方面，已经能够达到人类的水平。因此，人类逐渐接受并习惯人工智能全面参与政务体系，人类进入与人工智能共同工作的阶段，互相学习，互相咨询。

第四阶段是人嵌入人工智能体系的共生智慧阶段。人工智能进一步演化，进入超人工智能阶段，人工智能形成远远超过人类的整体智慧，并与人类生活充分融合，人类反而成为嵌入人工智能体系的节点，形成完备的共生性知识与智慧体系，人类也由此可能进入新的文明阶段。

4.2 核心内涵

4.2.1 智慧政务的概念

智慧政务即通过"互联网+政务服务"构建智慧型政府，利用云计算、移动物联网、人工智能、数据挖掘、知识管理等技术，提高政府办公、监管、服务、决策的智能水平，形成高效、敏捷、公开、便民的新型政府，实现由"电子政务"向"智慧政务"的转变。运用互联网、大数据等现代信息技术，加快推进部门间信息共享和业务协同，简化群众办事环节、提升政府行政效能、畅通政务服务渠道，解决群众"办证多、办事难"等问题。

智慧政务的核心内涵

主要包括城市服务、智慧公安、智慧税务、智慧交管、智慧办公、智慧医疗、智慧教育等诸多政务垂直行业，覆盖各省、市、县各级行政单位，为公众提供多渠道、无差别、全业务、全过程的便捷服务。

4.2.2 智慧政务的基本特征

透彻感知、快速反应、主动服务、科学决策、以人为本是智慧政务的基本特征，具体表现为以下4个方面：

（1）公共服务覆盖范围日益广泛

智慧政务不断丰富服务类别，公共便民业务持续完善。结合业务职能和用户需求，在不同程度上整合教育、医疗卫生、交通、就业、社保、住房、企业服务等领域的相关政策、指南信息、业务表格、名单名录、业务查询、常见问题等资源，方便用户和企业使用。

（2）民生互动交流渠道不断完善

很多政务网站已建立了多样化的互动渠道。九成以上的地方政府网站通过领导信箱、公众留言、在线咨询、在线投诉等渠道，接受公众和企业的咨询、投诉、意见和建议；七成地方政府网站建设了网上调查、民意征集、意见征集等栏目，实现在线意见提交功能；近三成的政府网站开通了直播面对面、在线访谈等实时交流平台，与公众进行深入交流。

（3）网上办事大厅促进互联互通

为了解决职能交叉重叠导致的"信息孤岛"问题，将"联而不通"变成"互联互通"，全国很多城市和地区都在积极探索建设网上办事大厅，将此作为打造智慧政务的关键环节。通过线上与线下的服务整合，将有关职能部门有机联系成一个整体，实现业务办理的互联互通。办事人可以在智能手机、电脑等多个终端办理业务，随时随地查看办事指南、进度流程、审批结果。网上办事大厅的建设，同时为打造服务政府、法治政府、阳光政府奠定了基础。

（4）"政务+新媒体"拓展沟通边界

越来越多的政府部门重视并利用新的互联网平台，强化宣传和互动效果。如通过政务微博、政务微信等，积极开展微访谈、微直播、微话题、微答疑，拓宽了政府互联网互动渠道，拉近了网民与政府之间的距离；以文字、图片、视频、访谈等多样化的解读方式，对相关政策的制定背景、依据、意图、实施路径等进行详细解读，便于社会公众理解。

4.2.3 智慧政务的服务内容

智慧政务集纳了医疗、交管、交通、公安户政、出入境、缴费、教育、公积金等多种民生服务办事功能，包括生活缴费、预约挂号、天气预报、空气质量、社保查询、地税服务、学历查询、公证申办、婚姻业务预约、机动车违法查询、停车场停车、市内实时路况、小客车摇号查询、城市热力图、公交查询、公共自行车查询、出租车查询等办事查询功能，让市民充分享受城市生活的便捷，是"互联网+"在民生服务领域的落地（表4-1）。

表4-1 人工智能与政务服务的服务性应用

应用场景	应用举例
网站、政务大厅的信息和服务导航	智能导办、智能咨询、智能搜索、关联事项推荐
政务服务热线	自动工单填写、知识推荐、服务需求挖掘
自动问答、微信群组、网络论坛	聊天机器人、工单识别与自动转办
政策、服务信息宣传	智能推送
各类补助发放	精准助学

4.3 应用案例

4.3.1 智慧政务的应用场景

（1）智慧税务

随着经济多元化发展、社会分工进一步细化、互联网技术日渐成熟，纳税人的经营范围越来越广泛，经济形态越来越复杂，仅仅依靠传统的纳税服务模式和手段，显然跟不上纳税服务科学化、管理精细化的形势要求，也无法满足纳税人日益增长的个性化、多样化的涉税需求。因此，需要一种高效便捷的智能化服务方式来满足纳税人的涉税需求。

无感采集人脸识别系统、智能云办税终端、24 小时自助服务终端、智能税务数据平台……一系列以"智能"为核心的应用技术，为纳税人提供全流程无人无障碍办税体验，使得智慧税务成为智慧政务的重要应用领域。

通过大数据的采集分析，能够精确地辨识纳税人需求，对纳税人进行有针对性的纳税提醒、风险提示、信用评价等。同时，基于人工智能技术的特点，通过对信息数据的"深加工"，关联分析税务工作中存在的突出问题，从中找到解决方案，以税务信息化的发展促进征收执法行为的规范。例如，通过对纳税咨询数据的智能分析，可将高频次、重复性的问题，通过智能语音、人机交互、来电前置解答等途径，实现全天候、7×24 小时的纳税服务，降低税务机关的服务成本。由此可见，人工智能技术可作为推进纳税服务工作的突破口，实现纳税服务工作由简单粗放到精细多元、由生搬硬套到创新驱动的转型发展，这也是我国纳税服务工作改革的必然选择。

采用人工智能技术的"刷脸"打印个人所得税纳税记录自助办税功能，纳税人只要将身份证放到自助办税终端操作台的感应区上，系统就会自动读取身份信息，并扫描纳税人面部影像，进行人证比对。比对通过后，纳税人使用"个人所得税"App 扫码授权，就可以查询和打印自己的个人所得税纳税记录。通过"刷脸"比对身份信息（图 4-1），只要不到 2 分钟就可以打印出纳税记录，和办税服务厅开具的一模一样。

纳税人自助办税时，终端通过摄像头捕捉核验纳税人面部信息，"刷脸"完成身份确认后，可自动进入税收业务办理界面。与以往人工录入纳税识别号的操作方式相比，仅此环节就可节省办税时间 2 分钟。此外，所有自助办税终端均增加了语音提示功能，部分终端可实现语音交互功能，纳税人可在语音引导下顺利完成涉税业务办理。

人工智能自助办税服务厅中的 3 个功能区，可为纳税人办理税务登记、发票办理、申报纳税、税务行政许可申请等 7 类 95 项涉税事务。原来人工办理需要 2 个多小时的税务登记业务，在人工智能自助办税服务厅 10 分钟内即可完成。

（2）智慧城管

智慧城管是新一代信息技术支撑、知识社会创新 2.0 环境下的城市管理新模式，通过新一代信息技术支撑实现全面透彻感知、宽带泛在互联、智能融合应用，推动以用户创新、开放创新、大众创新、协同创新为特征的以人为本的可持续创新。智慧城管是智慧政务的重要组成部分。

图 4-1　刷脸"纳税"

城市管理涉及面广、领域宽泛，是一项复杂的系统工程。如何高效快速地解决井盖丢了、路灯坏了等城市小病，如何有效监管环卫公司、城管队员工作情况，对现代化城市管理提出了挑战。

通过建设智慧城管系统，能够对市政设施的宏观监督、对自管设备实现了智能化管理，让城市管理工作更加有效（图 4-2）。AI 在智慧城管中的应用：

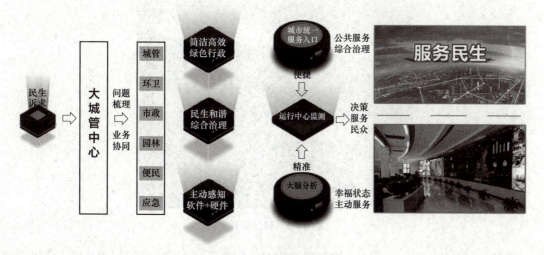

图 4-2　智慧城管

① 井盖自动报警。

利用先进的窄带物联网技术打造"智慧井盖",即为井盖安装特制的"传感器",能实时侦查并反馈井盖异常开启、维修管理、异常闭合等情况,以及报警设备的电量多少和信号强弱等信息。当井盖出现异常状况,传感器便会自动向智慧城管系统发送报警信息,便于市政部门及时维修,从而更好地避免因井盖异常导致意外情况发生。

② 视频监控隐患检查。

智慧城管运用智能视频监控可对重点区域的违法停车、越店经营、流动摊贩、井盖缺失、路面积水进行智能识别、智能抓拍、智能提醒、智能派单。智能视频监控还能主动识别店家是否存在越店经营,并将抓拍到的影像与文字描述发送至智慧城管系统,工作人员会根据临街店铺数据库信息向店主发送温馨短信提醒或远程喊话,督促其尽快整改;如仍未整改,则由智慧城管系统派单至执法人员手机上,由执法人员进行现场处置。违规次数将计入该店铺的处罚记录或日常监管记录中。

③ 空中城管立体式巡查。

借助无人机特有的空地结合、人机交互等功能,建立无人机小分队,专门担任"空中城管"职责,针对高楼违建、流动摊点、违章停车、隐蔽性垃圾等问题,以立体式巡查方式,快速发现问题,快速处置问题。

无人机上设置高清摄像头,飞行时速可达 5 米/秒,上升高度可达 500 米,针对周边 7 000 米范围进行高空全景航拍巡视,发现疑似违法建筑后可多角度拍照取证。

(3) 智慧法院

智慧法院(图 4-3)是依托现代人工智能,围绕司法为民、公正司法,坚持司法规律、体制改革与技术变革相融合,以高度信息化方式支持司法审判、诉讼服务和司法管理,实现全业务网上办理、全流程依法公开、全方位智能服务的人民法院组织、建设、运行和管理形态。

图 4-3 智慧法院

智慧法院平台运用人工智能、微信多路实时视频通话、人脸语音识别等技术,通过微信公众号提供网上调解、在线立案、微信庭审、举证质证、电子送达、卷宗借阅等在线诉讼服务，并支持远程审判全流程办案。平台包括"微诉平台"（全称"法信微诉平台"）和"掌上四中"两大类40余项服务，可为当事人、律师、人民陪审员等提供移动司法服务。

人工智能技术在司法审判中主要体现在以下几个方面：一是计算机视觉、图像和人脸识别技术助力实现诉讼主体身份验证，以及证据的电子化和电子数据证据的举证、质证等在内的网上一体化诉讼运行机制；二是通过机器学习、深度应用云计算和大数据，构建司法人工智能诉讼服务系统；三是充分利用算法及司法大数据的优势，构建诉讼智能系统或者平台，实现诉讼结果预判、类案推送等能力；四是机器人技术和语音识别技术的广泛应用。

目前我国已建成知识产权法庭信息化平台，全面支持专利案件上诉审理全流程电子管理以及语音调取证据、多方质证留痕、小证据AR展示、大证据远程展示等特色庭审应用，实现了将案件全部运行情况始终处于严密的监控之中。

4.3.2 智慧政务的主要应用设备

（1）导向移动机器人

作为智能咨询的导向移动机器人，也是最前端、能够首先切实解决政务场景服务问题的新兴设备。

导向移动机器人在政务服务过程中，担任着最前端的咨询服务工作，民众可向机器人咨询相关业务所要注意事项、办理资料准备、排队取号等接待工作，甚至还可智能解答民众提问的相关问题，大大缓解了人工接待工作人员的压力，也为政务服务带来更多的现代科技感和趣味性（图4-4）。

图4-4 导向移动机器人

（2）触控显示一体机

在导向移动机器人的组成中，触控显示一体机作为重要设备之一，是服务体验感最直观的接触设备（图4-5）。

图 4-5 触控显示一体机

政务机关可利用触控显示一体机构建这样的系统：政务介绍、法律法规、办事指引，等等；充分利多媒体，让大众了解政务机关；维护群众知情权，该系统也可以与人民法院相连接，分析展示案例；更好的民主监督，即可查询各个岗位负责人姓名和职责；体现"以人为本"的作风。

政务机关结合触控显示一体机具体可开发功能有以下几点：

① 简介：政务机关的文字、图片介绍。

② 岗位：政务机关各个部门的分工以及工作人员姓名、照片显示。

③ 连接法院：案例展示，审判过程录像、照片。

④ 办事指引：地面或网上流程介绍指南。

⑤ 光辉历史：分局或分局个人的贡献、功绩。

（3）柜台办理一体机

柜台办理作为政务服务重要一环，秉承智慧政务无纸化的发展理念，现今柜台办理更趋向于电子办理。通过借助对讲机、一体机、摄像头等智能化设备，减少纸质资料的使用，用户只需在一体机上按照办理人员指示进行简单操作，就可快速办理好相关业务，可大大节约办理时间、提升办理速度，也是提升政务服务体验不可缺少的一环（图 4-6）。

图 4-6 柜台办理一体机

（4）自助办理服务终端

最后在政务服务流程中，自助办理服务终端也是不可缺少的一环。对于一些基础政务办理，自助终端是更快速、更便捷的选择。民众只需通过相关身份认证，即可在自助终端中选择所需办理业务，可避免排队耗时等现象（图4-7）。

图4-7 自助办理服务终端

4.4 基础技术

4.4.1 云计算的概念

云计算是分布式计算的一种，指的是通过网络"云"将巨大的数据计算处理程序分解成无数个小程序，然后通过多部服务器组成的系统进行处理和分析，得到结果返回给用户。云计算早期，简单地说，就是简单的分布式计算，解决任务分发并进行计算结果的合并。通过这项技术，可以在很短的时间内（几秒钟）完成对数以万计的数据的处理，从而实现强大的网络服务。

智慧政务技术基础

现阶段所说的云服务已经不单单是一种分布式计算，而是分布式计算、效用计算、负载均衡、并行计算、网络存储、热备份冗杂和虚拟化等计算机技术混合演进并跃升的结果（图4-8）。

"云"实质上就是一个网络，狭义上讲，云计算就是一种提供资源的网络，使用者可以随时获取"云"上的资源，按需求量使用，并且可以看成是无限扩展的，只要按使用量付费就可以，"云"就像自来水厂一样，我们可以随时接水并且不限量，按照自己家的用水量，付费给自来水厂就可以。

从广义上说，云计算是与信息技术、软件、互联网相关的一种服务，这种计算资源共享池叫作"云"，云计算把许多计算资源集合起来，通过软件实现自动化管理，只需要很少的人参与，就能让快速提供资源。也就是说，计算能力作为一种商品，可以在互联网上流通，就像水、电、煤气一样，可以方便地取用，且价格较为低廉。

总之，云计算不是一种全新的网络技术，而是一种全新的网络应用概念，云计算的核心概念就是以互联网为中心，在网站上提供快速且安全的云计算服务与数据存储，让每一个使用互联网的人都可以使用网络上的庞大计算资源与数据中心。

云计算是继互联网、计算机后在信息时代又一种新的革新，云计算是信息时代的一个大飞跃，未来的时代可能是云计算的时代，虽然目前有关云计算的定义有很多，但总体上来说，云计算的基本含义是一致的，即云计算具有很强的扩展性和需要性，可以为用户提供一种全新的体验，云计算的核心是可以将很多的计算机资源协调在一起，因此，使用户通过网络就可以获取到无限的资源，同时获取的资源不受时间和空间的限制。

图 4-8　云计算

4.4.2　云计算的特点

云计算的可贵之处在于高灵活性、可扩展性和高性比等，与传统的网络应用模式相比，其具有如下优势与特点：

（1）虚拟化技术

虚拟化突破了时间、空间的界限，是云计算最为显著的特点，虚拟化技术包括应用虚拟和资源虚拟两种。众所周知，物理平台与应用部署的环境在空间上是没有任何联系的，正是通过虚拟平台对相应终端操作完成数据备份、迁移和扩展等。

（2）动态可扩展

云计算具有高效的运算能力，在原有服务器基础上增加云计算功能，能够使计算速度迅速提高，最终实现动态扩展虚拟化的层次达到对应用进行扩展的目的。

（3）按需部署

计算机包含了许多应用、程序软件，不同的应用对应的数据资源库不同，所以用户运行不同的应用需要较强的计算能力对资源进行部署，而云计算平台能够根据用户的需求快速配备计算能力及资源。

（4）灵活性高

目前市场上大多数 IT 资源、软硬件都支持虚拟化，比如存储网络、操作系统和开发软硬件等。虚拟化要素统一放在云系统资源虚拟池当中进行管理，可见云计算的兼容性非常强，不仅可以兼容低配置机器、不同厂商的硬件产品，还能够通过外部设备获得更高的计算性能。

（5）可靠性高

倘若服务器发生故障也不影响计算与应用的正常运行，因为单点服务器出现故障可以通过虚拟化技术将分布在不同物理服务器上面的应用进行恢复或利用动态扩展功能部署新的服务器进行计算。

（6）性价比高

将资源放在虚拟资源池中统一管理在一定程度上优化了物理资源，用户不再需要昂贵、存储空间大的主机，可以选择相对廉价的 PC 组成云，一方面减少费用，另一方面计算性能不逊于大型主机的性能。

（7）可扩展性

用户可以利用应用软件的快速部署条件来更为简单快捷地将自身所需的已有业务以及新业务进行扩展。如计算机云计算系统中出现设备故障，对于用户来说，无论是在计算机层面上，还是在具体运用上均不会受到阻碍，可以利用计算机云计算具有的动态扩展功能来对其他服务器进行有效扩展。这样一来就能够确保任务得以有序完成。在对虚拟化资源进行动态扩展的情况下，同时能够高效扩展应用，提高计算机云计算的操作水平。

4.3.3 云计算的应用

较为简单的云计算技术已经普遍用于如今的互联网服务中，最为常见的就是网络搜索引擎和网络邮箱。搜索引擎大家最为熟悉的莫过于谷歌和百度了，在任何时刻，只要用移动终端就可以在搜索引擎上搜索任何自己想要的资源，通过云端共享数据资源。而网络邮箱也是如此，过去寄写一封邮件是一件比较麻烦的事情，同时也是很慢的过程，而在云计算技术和网络技术的推动下，电子邮箱成为社会生活的一部分，只要在网络环境下，就可以实现实时的邮件寄发。其实，云计算技术已经融入现今的社会生活。

（1）存储云

存储云，又称云存储，是在云计算技术上发展起来的一个新的存储技术。云存储是一个以数据存储和管理为核心的云计算系统。用户可以将本地的资源上传至云端，可以在任何地方连入互联网来获取云上的资源。大家所熟知的谷歌、微软等大型网络公司均有云存储的服务，在国内，百度云和微云则是市场占有量最大的存储云。存储云向用户提供存储容器服务、备份服务、归档服务和记录管理服务等，大大方便了使用者对资源的管理（图 4-9）。

（2）医疗云

医疗云，是指在云计算、移动技术、多媒体、4G 通信、大数据，以及物联网等新技术基础上，结合医疗技术，使用云计算来创建医疗健康服务云平台，实现医疗资源的共享和医疗范围的扩大。因为云计算技术的运用与结合，医疗云提高了医疗机构的效率，方便居民就医。像现在医院的预约挂号、电子病历、医保等都是云计算与医疗领域结合的产物，医疗云还具有数据安全、信息共享、动态扩展、布局全国的优势（图4-10）。

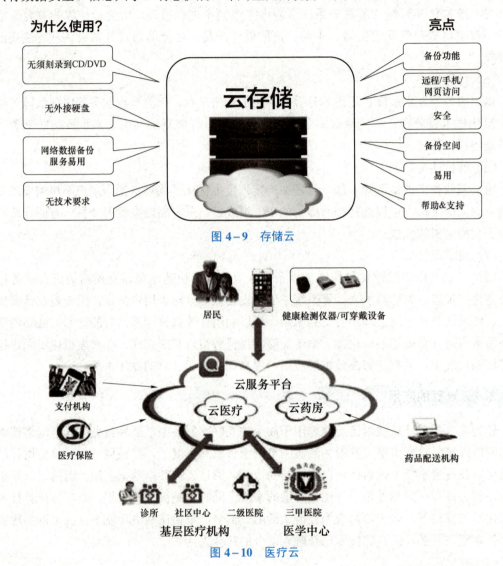

图4-9 存储云

图4-10 医疗云

（3）金融云

金融云，是指利用云计算的模型，将信息、金融和服务等功能分散到庞大分支机构构成的互联网"云"中，旨在为银行、保险和基金等金融机构提供互联网处理和运行服务，同时共享互联网资源，从而解决现有问题并且达到高效、低成本的目的。在2013年11月27日，阿里云整合阿里巴巴旗下资源并推出阿里金融云服务。其实，这就是现在基本普及了的快捷支付，因为金融与云计算的结合，现在只需要在手机上简单操作，就可以完成银行存款、购买保险和基金买卖。现在，不仅仅阿里巴巴推出了金融云服务，像苏宁金融、腾讯等企业均推出了自己的金融云服务（图4-11）。

图 4-11 金融云

(4) 教育云

教育云，实质上是指教育信息化的一种发展。具体来说，教育云可以将所需要的任何教育硬件资源虚拟化，然后将其传到互联网，以向教育机构和学生、老师提供一个方便快捷的平台。现在流行的慕课（MOOC）就是教育云的一种应用。慕课，指的是大规模开放的在线课程。现阶段慕课的三大优秀平台为 Coursera、edX 以及 Udacity。在国内，中国大学 MOOC 也是非常好的平台。在 2013 年 10 月 10 日，清华大学推出 MOOC 平台——学堂在线，许多大学现已使用学堂在线开设了一些课程的 MOOC（图 4-12）。

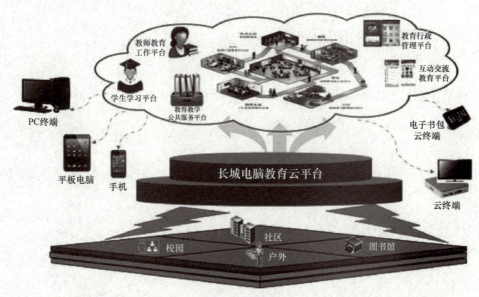

图 4-12 教育云

习题 4

4-1 阐述人工智能在政务服务中的作用。
4-2 什么是智慧政务？它有哪些特点？
4-3 什么是云计算？它有哪些特性？
4-4 阐述云计算的主要应用场景。

第二篇　智慧产业

　　智慧产业是指数字化、网络化、信息化、自动化、智能化程度较高的产业。智慧产业是智力密集型产业、技术密集型产业，不是劳动密集型产业。与传统产业相比，智慧产业更强调智能化，包括研发设计的智能化、生产制造的智能化、经营管理的智能化、市场营销的智能化。智慧产业的一个典型特征是物联网、云计算、移动互联网等新一代信息技术在产业领域的广泛应用。

单元 5 智慧能源

5.1 背景引入

目前我国正处在能源转型的大背景下,将带来以下变化:太阳能与风能大量接入将改变电力系统结构;电源侧基荷火电厂将逐步减少,可再生能源发电比例将逐步提高;电网侧将实现灵活扩容、灵活接线、灵活的拓扑结构,支撑区域能源优化与分布式能源的协调控制;负荷侧将提升用能优化及需求响应水平,实施能源总量控制,发展柔性负荷与主动负荷。

目前,我国的能源利用效率还低于国际平均水平,能源发展要从实际出发,因地制宜,走"开源与节流"并重的方针,开源的主要任务是尽可能多地接纳与使用可再生能源,节流的主要任务是节能与提高能源利用效率。

能源互联网与智慧能源将成为未来的发展趋势。期望通过能源互联网与智慧能源建设,能够为尽可能多地接纳可再生能源、提高能源利用效率、推动能源生产与能源消费实现根本性改变提供可行的解决方案。

2016年2月,由国家发展改革委、国家能源局、工业和信息化部联合印发《关于推进"互联网+"智慧能源发展的指导意见》,其中指出在全球新一轮科技革命和产业变革中,需要加强互联网理念、先进信息技术与能源产业的深度融合,推动能源互联网新技术、新模式和新业态进一步发展,为我国能源产业的发展指明了方向。2020年10月,党的十九届五中全会强调,"十四五"期间应加快推进能源革命和能源数字化发展,推动实现能源资源配置更加合理、能源利用效率大幅提高、主要污染物排放总量持续减少的目标。深化现代信息技术与能源电力领域的融合,推动能源电力行业的智慧化转型,将为我国能源革命向纵深推进与行稳致远保驾护航。

长期以来,我国能源领域形成了以石油、天然气、电力等部门为核心的相对独立的子系统和技术体系。如煤-电/热供应系统,集中的"点-线"式供应及配套设备系统经过长期建设,对内不断强化上下游之间的刚性关联,对外又相对独立,久而久之形成了"能源竖井",造成能源系统整体效率偏低,成为能源产业转型升级和结构调整的障碍。通过数字技术的应用,能够对能源业务优化整合,打破"能源竖井",提高能源转换效率,实现多能融合,促进整个产业链的协同发展,逐步形成产业价值网,提高能源优化配置能力,进一步提升对市场的响应和适应能力。

在传统发展模式下，水、电、热、气等单一规划，能源服务选择单一。未来，借助数字技术，电力、冷热、用户之间的关系变得越来越紧密，以城镇/园区为能源单元体，依托物联网和能源互联网，数字技术能够精准预测单元需求，做到能源系统供需互动和自我平衡。能源供给侧借助能源互联网，提升多种形式能源系统互联互通、互惠共济的能力，有效支撑能源电力低碳转型、能源综合利用效率优化、各种能源设施"即插即用"灵活便捷接入，充分调动分布在社会各个角落的能源单元体。例如，新能源汽车作为储能装备，协助调整城市单元能源供应体系，推动能源供应由集中式到分布式，最后到去中心化转变。

5.2 核心内涵

5.2.1 智慧能源的概念

为适应文明演进的新趋势和新要求，人类必须从根本上解决文明前行的动力困扰，实现能源的安全、稳定、清洁和永续利用。智慧能源就是充分开发人类的智力和能力，通过不断技术创新和制度变革，在能源开发利用、生产消费的全过程和各环节融汇人类独有的智慧，建立和完善符合生态文明和可持续发展要求的能源技术和能源制度体系，从而呈现出的一种全新能源形式。简言之，智慧能源就是指拥有自组织、自检查、自平衡、自优化等人类大脑功能，满足系统、安全、清洁和经济要求的能源形式。

从狭义上说，智慧能源是指以现代通信、网络技术为基础的，致力于能源利用效率提高的环境友好型能源发展模式。从广义上说，智慧能源是能源产业、能源装备产业、互联网产业和现代通信产业等多元产业融合发展的概括，其不仅涵盖传统石化能源的智慧生产，也包括随机波动新能源的安全并网；不仅涵盖能源的生产、转换、传输、存储与消费等环节，也包括能源周边产业、能源电力技术体系及能源政策机制的发展与变革（图5-1）。

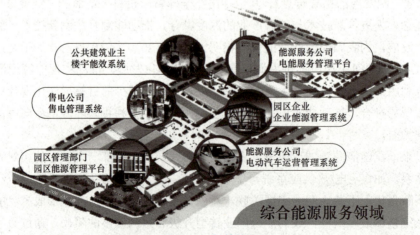

图5-1 智慧能源

单元 5　智慧能源

5.2.2　智慧能源的特征

依托智能高效、广泛互联、清洁低碳的显著特征，智慧能源发展模式可推动包括能源生产、传输、消费等多环节的动态精益优化与管理，实现能源电力系统的"智慧化"转型升级。

（1）智能高效

云计算、大数据、区块链等现代信息技术在能源领域的广泛应用，将推动智慧生产管控系统、多能协同调度系统、用能管理系统等智慧能源系统的落地与应用，进而在实现对能源电力系统多环节、多主体、多设备全面感知的基础上，依托数据驱动技术实现对能源电力系统、管网、设备多层级的在线监测、实时分析、智能优化调控、状态预警、智能诊断等功能，进一步提升能源电力系统的运行效率。

（2）广泛互联

依托互联网与物联网技术，推动实现能源系统内外多元主体的开放接入、广泛互联，有效贯通与整合不同主体间的信息流、业务流、能量流，打造互惠共赢的能源生态圈，为新业态与新模式的打造、更大范围内的资源优化配置提供有利前提。

（3）清洁低碳

"云大物移智链"等现代信息技术的应用可促进能源电力系统各个环节间的及时、准确、高效交互，充分发挥横向电热水气多能互补、纵向源—网—荷—储协调的技术特性，实现对能源电力系统的统筹管控与优化，进而为大规模集中式可再生能源及分布式可再生能源的安全生产、远距离传输和高效消纳提供支撑，有效提升可再生能源在生产和消费端占比、降低二氧化碳及其他污染物排放，显著提升能源利用效率，加速我国能源电力行业的清洁低碳转型。

5.2.3　智慧能源体系

智慧能源体系是通过打造平台连接产业链上下游企业，汇聚与协同商业伙伴，发挥各参与主体核心优势，逐步构建以用户为核心的能源生态圈，在供给与需求、技术与行业方案整合中培育新动能，形成智慧能源生态圈闭环，推进生态圈自驱动自成长。

智慧能源在供给侧和消费侧建立强耦合的纽带，通过共建共享，构筑能源生态圈，包括煤电、核电、新能源、石油、天然气等能源企业，以及高科技信息化技术企业、设备制造企业、咨询机构、工程建设企业、运输服务企业、能源交易中心等，将分散的业态，通过能源流、信息流、价值流形成多方互利共赢的良好生态。

能源流成为安全高效的物理基础。能源生产企业高效清洁利用能源，共同承担安全调节功能，参与市场化互动；能源传输企业公开、公平、公正地优化配置资源，提供安全高效智慧的能源服务；能源用户通过多种形式参与互动，共同促进系统安全和能效提升。信息流成为互通感知的数据纽带，通过大数据、大平台推动能源的数字化和透明化，政府携手各主体建设能源大数据中心，推进能源治理信息共享。价值流成为社会能效优化的引导罗盘，政府部门在可中断、可调节负荷、抽水蓄能电站、电化学储能、新能源配额、分时电价优化等领域出台政策机制，实现价值共创共享；推进辅助服务市场建设及区块链技术应用，保障价值分配，还原电力商品属性。社会各界形成价值共生，促成综合能效提升，实现全行业的智能化升级。智慧能源生态体系如图 5-2 所示。

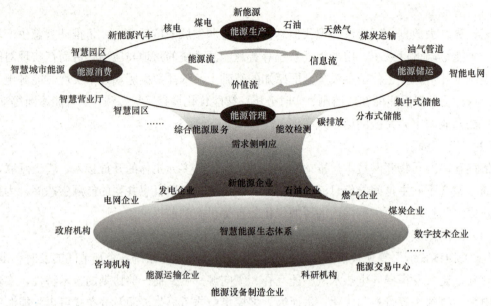

图 5-2　智慧能源生态体系

5.2.4　智慧能源架构

智慧能源总体架构是以智能化为核心，基于智能云、物联网等基础设施平台以及 AI 中台、知识中台、业务中台、数据中台等，借助云计算、人工智能、大数据、区块链等技术，最终推动能源企业实现智能化转型。架构主体包括数字化基础设施层、平台层、应用层，可根据不同企业特性和要求，形成定制化解决方案。同时，为有序推进智慧能源建设，架构还包括能源生态体系、运营服务体系、网络安全保障体系和标准规范体系（图 5-3）。

数字化基础设施层是能源企业的信息基础设施，包括机器人、无人机、智能传感器（如烟雾、油温等）、智能燃气表、服务器、存储设备、网络设备等，支撑企业信息沟通、服务传递和业务协同。

数字化平台层是实现新兴技术对能源企业赋能的核心，以智能云平台、IoT 平台为基础，AI 中台为核心，配合数据中台、知识中台与业务中台，打通企业的能源流、信息流、价值流，助力企业智能化转型全过程。AI 中台是企业 AI 能力的生产和集中管理平台，包括 AI 能力引擎、AI 开发平台两部分核心能力以及管理平台。能力引擎包括如人脸识别、语音识别（ASR）、自然语言处理（NLP）等通用服务以及领域专用 AI 服务。基于 AI 中台，企业将拥有建设

AI 开发和应用的自主能力，集约化管理企业 AI 能力和资源，统筹规划企业智能化升级版图。知识中台是基于知识图谱、自然语言、搜索与推荐等核心技术，依托高效生产、灵活组织、便捷获取的智能应用知识的全链条能力，理清业务逻辑，用机器可以理解的方式将知识组织起来，从而建立符合企业需求的智能化应用，推动企业向智能化发展，重塑企业发展格局。

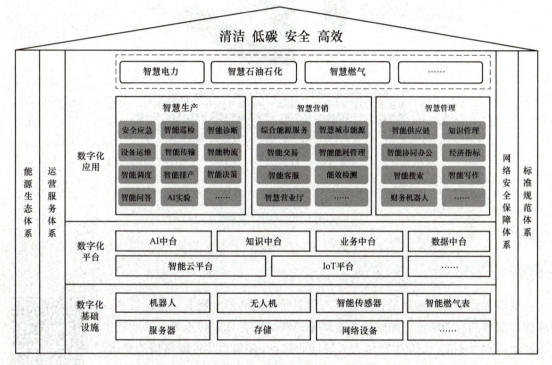

图 5-3 智慧能源架构

数字化应用层是将人工智能、云计算、大数据、区块链等技术与能源勘探、开采、生产、储运、消费场景深度融合，广泛应用于能源企业各个场景。以智能化手段可以解决能源企业发展中的突出问题，支撑能源企业智能生产、精益管理、业务创新，提升企业生产服务能力，帮助企业提质增效，最终实现企业智能化转型。按照能源业务价值链划分，可以将能源智慧化应用为三大应用领域，分别是智慧生产、智慧管理、智慧营销（图 5-4）。

"四体系"是指智慧能源建设的四大保障体系，分别是能源生态体系、运营服务体系、网络安全保障体系、标准规范体系。能源生态体系指能源企业、高科技信息化技术企业、设备制造企业、咨询机构、工程建设企业、运输服务企业、能源交易中心等共建共享生态圈；运营服务体系包括运营模式、管理组织、创新交流等；网络安全保障体系包括信息安全监管、测评、应急处置等体系；标准规范体系包括总体标准、基础设施、支撑技术与平台、管理与服务等标准规范。

➤ 生产现场全面实现智慧监控、智慧诊断、自动预警与自动控制，简单的、重复性的人工劳动被机器智能所取代，实现井、站、厂、设备、运输等生产全过程智能联动与实时优化，全面实现生产数据智能分析、生产运行协同调控、保障应急科学有序，实现生产运行全业务链协同发展。

➤ 企业深度应用数字技术，实现企业的人力资源、财务和供应链等全面智能管控分析，经营管理全过程实现智能预测、精准优化，彻底改变工作方式。

➤ 整合服务能力，形成面向能源生产、输送、交易、使用环节的创新服务，拓展商业模式。构建综合能源服务生态，提升服务能力。通过已有业务系统的海量数据，进行大数据建模分析，构建客户特征分析、行为分析、情感分析等丰富的标签数据，实现基于数据分析进行客户行为预测，真正达到智能、主动的客户服务效果。

图5-4 智慧能源应用领域

5.3 应用案例

5.3.1 能源智慧生产

能源行业是资产密集型行业，具有设备价值高、产业链长、危险性高、环保要求严的行业特征，面临设备管理不透明、工艺知识传承难、产业链上下游协同水平不高、安全生产压力大等行业痛点。随着世界能源格局的变化，能源发展向低碳化、分散化、智能化转变。能源消费服务市场的需求转变，倒逼生产、储运环节要更加安全、高效、清洁，因此需要依靠数字技术，提高能源生产过程的智能化水平。

智慧能源应用案例

面对日趋激烈的市场竞争，企业必须减少能源生产的时间与成本，以最快的速度生产最高质量的能源。能源企业致力于运用数字技术，在生产环节实现自动化和智能化，提高生产过程的可视性，消除不确定性，提高生产效率和质量。

（1）电厂锅炉智能预警

目前，国内电厂因锅炉炉管泄漏事故造成的非计划停运时间占全年总停运时间的30%以上。锅炉炉管泄漏是造成机组非计划停运的主要原因，对锅炉运行的经济性影响较大。锅炉智能预警基于电厂机理模型和人工智能技术，通过对运行状态进行监测，判断炉管是否发生泄漏，实现锅炉炉管泄漏的早期测报，并判断泄漏区域位置及泄漏程度，给设备预测性维护提供数据支持，将设备运行异常消除在萌芽阶段，减少非计划性停炉、停机，减少启停炉、启停机的能源消耗，大大提高了设备使用效率。

（2）智慧安全管理

能源企业引入人员定位系统，在三维立体空间建模基础上，对现场的位置进行划分、定位人员，并将每个位置所对应的安全注意事项与生产运行信息关联，帮助现场人员智能识别危险区域，避免出现人身伤亡事故。目前，人员定位误差可控制在 20～50mm 范围内，能够有效防止人员跑错间隔、避免发生误操作。例如，部分电厂将人员定位信息与三维虚拟电厂模型融合，设置虚拟电子围栏，实时监控高温、高压等危险区域及重要设备。智慧安全管理系统能够帮助生产现场人员识别危险区域，提醒越界人员以及安监人员确认，保障人员或设备的安全，减少不必要的损失。

（3）"无人值班、少人值守"新能源电站

基于互联网架构，融合人工智能、大数据、云计算、物联网、移动互联等技术，建设数据汇集、存储、服务、运营为一体的新能源大数据创新平台，实现源、网、荷侧多源异构数据的实时采集，实现风机部件级、光伏板件级最小颗粒度数据采集，采集时长 5～7 秒/次，高效支撑各类行业应用的构建和使用。实现多座新能源电站"无人值班、少人值守"模式，促进电站减员增效。目前，"无人值守"模式正在向新能源电站设计和建设领域延伸。发电企业依托平台创新业务模式，改变原有工作模式和经营模式，促进产业升级。新能源电站如图 5-5 所示。

图 5-5　新能源电站

（4）智能勘探

由于井下情报与储层信息的可视化有限，在油气田开发的中后期，深入挖潜较为困难。同时，随着风险勘探逐步向人力勘察难以覆盖的深海区域转移，勘探环节对新层系油气储量预测的精度要求不断提高。运用智能油气储量分析和井下情报分析等技术，可获取高精度油气储量预测数据，以数据支持决策，系统性优化勘探规模和建设时序，海陆并重，对老油区进行深度挖潜。通过无人机等智能勘探手段，获取高分辨率的储层模型，实现全方位的油气勘探数字可视化协同管理，提升整体储层预测精度，助力风险勘探开发新层系、新区域。智能勘探如图 5-6 所示。

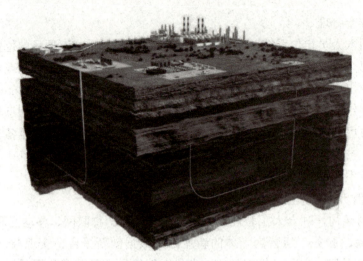

图 5-6　智能勘探

5.3.2　能源智慧营销

人工智能、大数据等信息技术的应用，使得传统行业之间的壁垒和不同专业之间的"高墙"被打破，能源行业的形态发生了极大的变化。传统的能源企业正在面临负荷集成商等市场新进入者以及众多基于互联网生态成立的全新企业的挑战，能源消费者将前所未有地成为重塑市场格局的重要力量。

（1）综合能源服务

新一代信息技术使得传统业务之间的壁垒逐渐被打破，电、燃气、分布式能源等以往各自为政的能源领域，也开始走向融合发展。综合能源服务是运用人工智能、云计算、物联网等信息技术，实现能源流和信息流的高度融合，即一定区域内整合煤炭、石油、天然气、电能、热能等多种能源，以满足多元化用能需求，实现多种异质能源组合供应服务。综合能源服务企业根据用户类型制定差异化的服务策略：（a）为客户提供多种电价方案和电气设备方案的优化组合，如向客户提供电力、燃气、燃油最佳能源组合方案；（b）提供全方位的节能协助服务，如节能诊断、能效提升、维护设备及运营管理等，帮助客户升级设备，实现节能目标，降低能源费用支出；（c）通过智能电能表等建立智能用电系统，引导用户错峰用电。综合能源服务通过合理的电力需求响应，有效消纳清洁能源电力，助力电力系统的供需平衡（图 5-7）。

（2）智慧电网营业厅

传统方式下，用户购电需要前往电力公司营业厅排号并到窗口人工办理。在智慧方式下，用户步入电力公司营业大厅即可快速被智能系统识别，并与系统中已登记客户信息比对核实身份，然后自动为用户发送应缴电费等业务办理信息。若发现用户等候时间较长，系统还将自动推送消息至现场客户经理的手持设备，提示主动提供服务。此外，用户可以使用"智能业务办理一体机"，无须长时间排队等待，仅通过"刷脸"即可轻松办理电费自助查缴、更名、过户等常见用电业务，用户平均花费时间节省70%。另外，智能系统可分析用户业务办理的平均时长，支持管理人员优化客服流程决策等。基于智能系统的精准营销，电力营业厅能够提升用户体验以及经济效益。

图 5-7　综合能源服务模式

（3）智能营销客服

随着能源用户数量的不断攀升以及服务渠道的多样化，用户对能源企业优质服务的要求和期望也越来越高。同时，能源企业存在客服人员流动性大、培训成本高且周期长、客服质量难以保障等问题。智能客服能够实现 7×24 小时全天候在线服务，不受人类情绪、身体状况等因素干扰，可提供稳定、无差别的人性化服务，提升用户体验，减轻人工座席的工作量，实现降本增效。能源企业全面梳理和整合客服资源，建设基于人工智能技术的智能客服应用，覆盖全渠道、全业务、全数据的营销业务，可实现业务办理智能辅助、智能客服、精准营销、流程自动化，为用户提供统一的智能化服务。

5.3.3　能源智慧管理

传统企业的管理模式，通过严格的管理机制和方法，标准化、流程化的手段来提高企业的生产效率。数字技术的发展为企业的运营管理注入了活力，也对企业的运营管理产生了颠覆式的冲击。在数字经济时代，快速变化的市场需求以及迭代更替的技术手段，要求企业从经验驱动向数据驱动转变，敏捷响应市场变化；要从相互独立向协同发展转变，建立与数字创新相适应的运营流程；要从依赖人力和等级管理向智能化、数据化转变，实现业务管控效率和效益的提升。

（1）智能供应链管理

智能供应链管理应用物联网、移动互联网、人工智能、大数据等新一代信息技术，站在全局、广域、产品全生命周期的高度，同时关注企业内部、外部的业务协同，将企业的采购—生产—销售的过程纳入统一网链结构中，采用可视化手段展示数据，使用移动化的手段访问数据。构建供应链管理云平台，推动各环节相互联通，供应端、使用端实现信息共享，高效协调物资的使用。制定科学合理的物资分类,结合能源企业储备原则制定储备定额方案,保证品类和库存水平合理;根据能源企业实际情况优化供应链层面上的节点布局,物资储备区域分级,提高物资保障与供应能力,有效衔接采购、物流管理、电网体系覆盖区域的物资使用和消耗,有效降低成本,提高储备物资供给效益和效率,确保安全生产。

（2）企业智能搜索

国家电力投资集团内部企业级智能搜索平台,促进国家电投集团数字化、智能化转型,提升集团核心竞争力。平台借助百度的知识图谱（KG）、自然语言处理（NLP）等技术将搜索与知识提炼工具相结合,满足国家电投集团从数据中提炼知识,沉淀内部的数据资产,实现对于知识的智能检索、智能问答和智能推荐的需求,从而大幅提高业务人员的检索效率,为核心业务端赋能。

智能搜索平台基于国家电投集团数据共享平台构建企业智能搜索统一入口,为员工提供一站式、综合类管理数据查询服务,具备数据接入、知识构建、搜索应用、智能排序、智能展现、权限隔离等功能。此外,企业智能搜索能够嵌入各业务系统应用端,优化原有系统的智能化搜索管理服务。未来,智能搜索平台能够深度参与人机互动,支持以问答对话的形式获取数据可视化图表、对话试数据分析、智能数据可视化、数据实时计算等功能。

5.4 基础技术

智慧能源以现代信息技术为核心工具,借助区块链技术、大数据技术、云平台技术等新兴信息技术构建能源发展的智慧环境,形成能源发展的新模式和新范式,进而为促进新能源消纳、构建安全高效电力市场、提升电力系统能效等问题提供全新解决方案。

5.4.1 分布式技术

（1）分布式技术概述

分布式技术是一种基于网络的计算机处理技术,与集中式相对应。由于个人计算机的性能得到极大的提高及其使用的普及,使处理能力分布到网络上的所有计算机成为可能。

分布式技术

分布式计算是计算机科学中的一个研究方向,它研究如何把一个需要非常巨大的计算能力才能解决的问题分成许多小的部分,然后把这些部分分配给多个计算机进行处理,最后把这些计算结果综合起来得到最终的结果。

（2）分布式存储系统

分布式存储系统,是将数据分散存储在多台独立的设备上。传统的网络存储系统采用集中的存储服务器存放所有数据,存储服务器成为系统性能的瓶颈,也是可靠性和安全性的焦点,不能满足大规模存储应用的需要。分布式网络存储系统采用可扩展的系统结构,利用多台存储服务器分担存储负荷,利用位置服务器定位存储信息,不但解决了传统集中式存储系统中单存储服务器的瓶颈问题,还提高了系统的可靠性、可用性和扩展性。大数据时代的来临使得对分布式存储系统的研究具有重要的意义。图5-8为存储架构示意。

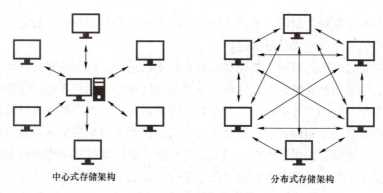

图 5-8　存储架构示意

针对海量数据存储，分布式数据存储以其良好的可扩展性、健壮性和高效性超越了传统的集中式存储技术，但针对其本身的许多性能指标，比如数据冗余度、数据存取速度、带宽占用率、存储花费和可靠性等，使得不同的系统和不同的个人、企业对存储要求的侧重点不同。数据存储多考虑存取效率、存储花费，对数据抗毁性研究甚少。

针对海量数据的管理和维护，维护数据一致性是分布式存储系统维护数据的一个重点方向，由于互联网环境千变万化，数据更新速度和转换频率不断加快，使得数据一致性维护面临诸多问题，如可靠性问题、数据冗余问题、网络动荡问题和恶意攻击等问题严重影响了一致性维护策略的制定和发展。

① P2P 数据存储系统。

P2P 数据存储系统采用 P2P 网络的特点，即每个用户都是数据的获取者和提供者，没有中心节点，所以每个用户都是对等存在的。利用这种特点建立而成的 P2P 数据存储系统可以将数据存放于多个对等节点上，当需要数据时，可以利用固定的资源搜索算法寻找数据资源，从而获取想要的数据。

P2P 数据存储系统的这种特点使得它非常适合存储大量数据。首先，由于没有中心服务器的存在，数据被分散存储于各个对等节点上，这样就不会出现某个节点负载过重的问题，可扩展性好；其次，对于网络攻击的抗打击能力强，当存在网络攻击时，受打击的节点损失的数据仅仅是整个数据存储系统的一小部分，大部分资源仍然处于安全状态。

② 云存储系统。

云存储系统是一种网络存储系统，通过将大量的数据存储服务器集合起来，在内部表现为多个存储服务器协同工作，共同承担数据存储的任务，将数据存储任务划分为多个子任务并行存储，从而减小了数据存储的时间，并增加数据安全性。简单来说，云存储就是将数据或者文件存放到云端，数据使用者可以在任意地方通过互联网非常方便地存取数据，并且数据存储在云端有着高安全性、低花费等优点。

（3）应用

所谓分布式就是指数据和程序可以不位于一个服务器上，而是分散到多个服务器上，以网络上分散分布的地理信息数据及受其影响的数据库操作为研究对象的一种理论计算模型。分布式有利于任务在整个计算机系统上进行分配与优化，克服了传统集中式系统会导致中心主机资源紧张与响应瓶颈的缺陷,解决了网络 GIS 中存在的数据异构、数据共享、运算复杂等问题,是地理信息系统技术的一大进步。

传统的集中式 GIS 起码对两大类地理信息系统难以适用,需用分布式计算模型。第一类是大范围的专业地理信息系统、专题地理信息系统或区域地理信息系统。这些信息系统的时空数据来源、类型、结构多种多样,只有靠分布式才能实现数据资源共享和数据处理的分工合作。比如综合市政地下管网系统,自来水、燃气、污水的数据都分布在各自的管理机构,要对这些数据进行采集、编辑、入库、提取、分析等计算处理就必须采用分布式,让这些工作都在各自机构中进行,并建立各自的管理系统作为综合系统的子系统去完成管理工作。而传统的集中式提供不了这种工作上的必要性的分工。第二类是在一个范围内的综合信息管理系统。城市地理信息系统就是这种系统中一个很有代表性的例子。世界各国的管理工作中城市市政管理占很大比例,城市信息的分布特性及城市信息管理部门在地域上的分散性决定了多层次、多成分、多内容的城市信息必须采用分布式的处理模式。

很明显,传统的集中式地理信息系统不能满足分工明确的现代社会的需求,分布式地理信息系统的进一步发展具有不可阻挡的势头,而且分布式 GIS 与网络 GIS、客户/服务器 GIS 计算模型、WWW 计算模型的关系都很密切。分布式 GIS 是实现网络 GIS 的途径,是实现 NGIS 的一种重要计算模型;CIS 模型实际上是分布式 GIS 可供采用的一种具体化计算模型;WWW 模型实际上也是分布式 GIS 模型可采用的一种具体化模型,而且也是具有相当发展前途的分布式 GIS 模型。分布式 GIS 与当今主导地理信息系统发展方向的技术的紧密联系,使分布式 GIS 相应地成为地理信息系统的主要发展趋势。

分布式能源的应用场景如图 5-9 所示。

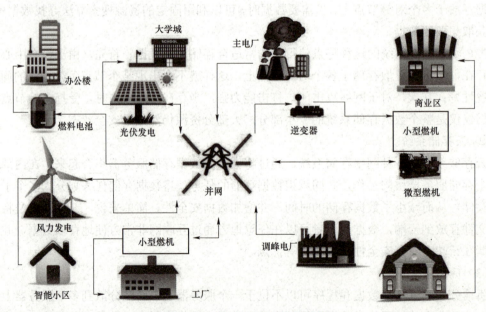

图 5-9 分布式能源的应用场景

5.4.2 区块链技术

区块链技术是分布式数据存储、点对点传输、共识机制、加密算法等计算机技术在互联网时代的创新应用，具有去中心化、信息共享、记录不可逆、参与者匿名和信息可追溯等技术特点（图5-10）。

图5-10 区块链技术特点

区块链技术的应用可为智慧能源发展过程中的数据安全、多主体协同、信息融通等问题提供全新技术解决方案，可为我国弃风弃光现象的缓解、综合能源服务的发展及电力市场智能化交易体系的构建提供全新可能。

支撑高比例新能源消纳缓解弃风弃光。依托区块链技术去中心化、信息共享、信息可追溯等技术特点，一方面可简化新能源电力交易流程，降低分布式新能源电力交易成本，有效支撑多元主体间点对点、实时、自主微平衡交易；另一方面区块链技术分布式记账技术可为能源产品、能源金融等产品交易市场提供可信保障，助力绿色能源认证、绿色证书交易等新型商业模式发展，促进能源电力领域的市场主体创新能源生产与服务模式，支撑高比例新能源高效消纳。

发展综合能源服务。依托区块链技术"多链"技术特性，可实现电力网络、石油网络、天然气网络等异质能系统中的多元主体及其设备广泛互联，在构建形成横向多能互补、纵向源—网—荷—储协调、能源信息高度融合的综合能源系统的基础上，推动实现综合能源系统多元主体间可信互联、信息公开与协同自治，进而显著提升综合能源服务的可追溯性和安全性。

助力电力市场智能化交易体系构建。利用区块链技术的信息共享、记录不可逆和不可篡改等特性，可为电力市场中相关主体间各类信息的自主交互和充分共享提供支撑，在保障电力市场信息透明、即时的同时，可辅助各交易主体实现分散化决策，提升用户参与电力市场的便捷性和可操作性，加速推动电力市场中合同形成、合同执行、核算结算等环节的智能化转型。此外，依托区块链技术参与者匿名、信息可追溯的技术特性可有效规范电力市场监管过程，促进电力市场的监管水平提升，保障市场交易的公平性与安全性。

习题5

5-1 阐述人工智能在智慧能源中的作用。
5-2 什么是智慧能源？它有哪些特点？
5-3 简述智慧能源体系和智慧能源架构的特征。
5-4 阐述分布式技术的主要特点。
5-5 阐述区块链技术的在智慧能源中的应用。

单元 6

智慧商业

6.1 背景引入

　　智慧商业这个概念，1951年便在美国出现。后来经济学家把智慧商业概括为是利用现代资讯技术收集、管理和分析结构化和非结构化的商务资料和资讯，创造、积累商务知识和见解，发展商务决策品质，采取有效的商务行动，完善各种商务流程，提升商务业绩，增强综合竞争力的智慧和能力。说白了，智慧商业=应用知识，知识=资讯+经验。

　　碎片化的时代已经悄然到来，各行各业的品牌营销不再需要拼命地投放广告，"烧钱式的广告形式"已经不能满足企业的巨大需求，实现智慧商业是一种必然的趋势，也是目前看来的唯一趋势。

　　未来的商业一定是智慧商业，未来的商业的发展离不开科技。类似电商、二维码、智慧商圈、智慧支付、末端商业网点和城市共同配送平台信息链、线下体验和线上下单等技术手段日新月异，甚至有专家学者认为：线上线下的边界在逐渐消失，实体店场内场外的消费者活动正在融为一体。

　　新型的智慧商业模式，不断推动着电子商务基础设施升级并支撑服务环境改善，对整合社会成本，集约生产规模起到了重要的作用。

　　随着互联网、物联网、云计算、大数据、移动终端技术的快速深度融合发展，商业日益变得智慧、高效和便捷。智慧商业的实质是以信息技术为支撑，创新人类商业模式及管理手段，提高社会整体效能。

6.2 核心内涵

6.2.1 智慧商业的概念

　　所谓智慧，顾名思义就是迅速、灵活、正确地认识、分析、判断事物并在实践中遵循事物规律、实现行为目标的能力。智慧包括了侧重认知的思维智慧和侧重改造的行动智慧。相对于行动智慧，思维智慧具有先导性和基础性的作用。

　　智慧商业是企业利用现代资讯技术手段，管理和分析结构化和非结构化的商务资料和资讯，创造和累积商务知识和见解，改善商务决策品质，探取有效的商务行动，完善各种商务流程，提升各方面商务绩效，增强综合竞争力的智慧和能力。

智慧流通是指将流通主体、客体、工具、对象、空间等，按照标示层、识别层、传输层、应用层联结起来的，物与物、人与物（含动物）、人与机、机与机等相互连接、形成协同运营的系统，包括智能交易、智能支付、智能物配、智能交易环境、智能消费、智能再生资源回收等流通全过程的智能活动。实体业的智慧流通虽然表象只是技术层面的变革，但具有一定的超前性、创新性，已经引起业界和社会的普遍关注。

如何摆脱传统的发展模式所带来的束缚？综合各地经验，必须建立以科技为主导，以商业为主体的经济发展模式，更需要有新的发展战略，着力优化服务模式、管理模式、营销模式式和商业模式。创立O2OAS导客模式，即Offline(线下留客)to Online(线上聚客)and Sociality（商务社交）。通过手机App、手机网站、楼层互动导购机及智能POS机等营销工具，运用"粉丝"分享、互助分销等营销模式快速实现"粉丝"裂变，将被动营销转为主动、自动精准营销。实体商业充分运用智能手机、互动导购机等互联网工具进行大数据挖掘，以客户为中心，优化商场的服务模式、管理模式、营销模式、商业模式，带来客户（消费者）新的体验度，让"客户既拥有上帝般的尊贵，又有主人般的参与"，从而使商场黏住客户，获得大量的"粉丝"。

6.2.2 智慧商业的特征

（1）技术进步催生新的商业形态

技术进步带来智慧商业发展空间无限。互联网与无线射频识别（RFID）、电子数据交换（EDI）、全球定位系统（GPS）、地球信息系统（GIS）、定位服务（LBS）、移动定位服务（MPS）、大数据、云计算等技术的结合，既推动传统企业的创新发展，也不断催生新的商业形态，商业行为日益变得信息化、智能化、透明化、可视化、高效化。手机支付、购物应用（App）、近距离通信技术（NFC）等已为人们所熟知并广泛应用。

（2）以大数据为"神经"

大数据是智慧商业的"神经"。全球知名咨询公司麦肯锡认为，数据已经渗透到当今每一个行业和业务职能领域，成为重要的生产要素，大数据是下一轮创新、竞争和生产力的前沿，海量电子数据的挖掘与运用将成为未来竞争和增长的基础；大数据帮助美国零售业净利润增长60%。移动互联时代，大数据与移动终端、云计算的结合，商家可以随时随地了解消费需求与习惯，孕育更多的商机和事业。

（3）以智慧物流为"血脉"

智慧物流是智慧商业的"血脉"。很多物流系统采用最新的互联网、物联网技术和设施，实现光、机、电、信息等技术的集成应用，形成了智慧物流。如亚马逊公司测试用无人机送货、用机器人管理仓储，未来可能通过用户数据的分析来预测购买行为，在顾客尚未下单之前提前发出包裹，最大限度地缩短物流时间。比如借助物流智能骨干网，通过分析消费习惯与货物流向情况，改变传统物流的运行模式和管理方式。

（4）以移动支付为手段

移动支付是智慧商业的主要支付方式。移动支付，是指允许用户使用其移动终端（通常是手机），对所消费的商品或服务进行账务支付的一种服务方式。移动支付将终端设备、互联网、应用提供商以及金融机构相融合，为用户提供金融服务。中国银行业协会发布的《2013年度中国银行业服务改进情况报告》显示，2013年中国移动支付业务共计16.74亿笔，同比增长212.86%。国际数据公司（IDC）的报告显示，2017年全球移动支付的金额将突破1万亿美元，今后几年全球移动支付业务将持续增长。

（5）线上线下全面融合

O2O将成为智慧商业的主要形态。O2O成为信息化条件下商业发展繁荣的新模式和大趋势。O2O诞生之初即成为各行业关注的焦点，具体包括百货O2O、家电O2O、汽车O2O、酒类O2O、房地产O2O、社区商业O2O、家装O2O、餐饮O2O、家政O2O、媒体O2O等。定制化商业模式（C2B），也是O2O的一种形式。美国梅西百货、英国电商企业Argos及连锁超市TESCO、海尔集团等是线上线下渠道融合发展的典范。

智慧商业的特征如图6-1所示。

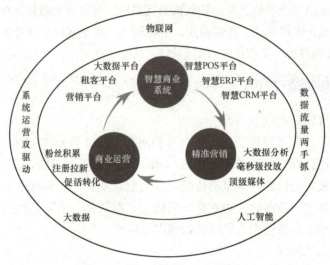

图6-1 智慧商业的特征

6.2.3 智慧商业的核心点

从数据驱动商业的角度看，智慧商业有三个核心关键点需要把握，分别是数据、算法和产品。

一是数据。数据有很多，但是得到数据之后如何形成有价值的、高质量的数据集，这是关键点。数据的收集、处理、加工，在今天是高成本的，但同时又是高价值的。

二是产品。如果数据产品不能形成数据链路，有效地把商业链条打穿的话，那么数据产品就是孤立的分析或统计工具，没有意义。数据产品不是一个死的东西，而是随着商业模式的变化和变迁，不断用数据触达两端。

三是算法。算法体现的是什么？体现的是你用数据的商业创新，如果你对基于商业数据的创新有很深的理解，就可以把算法推动到高度化的过程。所以从这个意义来讲，不断去迭代这个算法,不断用算法来优化你的商业模式,构成了今天无数据不智慧、无数据不商业的境界。

6.3 应用案例

6.3.1 智慧可视化

在过去,商业综合体对于消费者本身及其车辆缺乏有效的认知识别手段,无法快速直观地对消费者身份进行判断,也无法将大量的消费者信息转化为可供挖掘的数据样本。现在,通过人脸识别、车牌识别等智能分析技术,可一步步建立起庞大的消费者属性数据库,轻松实现顾客属性分析及追溯,为深度顾客挖掘提供重要数据。

智慧商业应用案例

(1)人脸识别

通过内嵌人脸识别算法的视频监控设备,对进出的消费者面部进行识别,与已经录入的VIP客户进行比对,一旦比对通过即向导购人员提醒对方为VIP客户身份,便于导购人员及时接待;当然,一旦系统比对发现惯偷等黑名单人员时,也可及时报警,采取应对措施。另外,人脸识别摄像机可以得到消费者的性别、年龄段、是否佩戴眼镜等信息,自动采集大量的统计样本数据用于商业综合体的消费人群的分析,以及客户的消费习惯统计挖掘与分析。

(2)智能停车场

不少商业综合体既有业主固定车位,又有对公众开放的临时车位,商家也会推出停车优惠活动,这导致了收费策略的复杂性和管理方式的多样性,传统的人工处理方式应对困难。再者,大型商业综合体停车场布局复杂,消费者停车取车难的问题十分突出。针对以上情况,部分安防企业推出了智能停车场系统,在出入口采用车牌识别系统自动记录进出时间,在停车场采用车位相机和诱导指示屏进行自动的停车取车导航,并采用支付宝、微信支付进行自助缴费。智能停车场的出现不仅减少了人工服务成本,也极大地改善了消费体验。

6.3.2 智慧感知

智慧感知技术将传统的物联网终端打造成为智慧感知单元,利用无所不在的视频监控系统对消费者的属性和行为进行统计分析,把传统的商业从凭经验做生意导向一个可以利用数据分析、信息化支持的高速道路。

(1)客流统计

通过客流统计相机对场景中进出的人员数量进行统计,并根据统计的客流数据实现各类商业分析,如营销策略评估、价值分析、员工考核和配置等。

营销策略评估:通过历史销量和客流量的对比,为评估推广活动对营销和促销投资回报提供可参考数据,可以有效地分析商品种类及各项管理策略对客流量的影响。

价值分析:通过客流量的统计,为柜台、商铺、广告位租金价位定价提供参考依据,避免合理租金收益损失。通过不同楼层和不同区域的客流量统计各个区域的吸引率和繁忙度,从而对铺位及服务人员进行合理布局分布,提高购物环境舒适度,提升销售量。

员工考核和配置：通过历史销量和客流量的对比，基于顾客消费转化率评估员工绩效，评估客户服务培训对转化率的影响，审查每家店铺的客流量及转化率水平。利用客流量波动规律，合理配置、调度服务员、保洁、安保人员。

客流统计包括客流热度分析、整体客流分析、行为轨迹分析、主力店铺分析、楼层客流分析。

客流热度分析：对商场内部各区域的顾客到访率及驻留时间（平均驻留时长、驻留总时长）精确统计和展示，便于商场运营管理者调整商场布局和客流引导，了解进区域人数、空间活跃度等。

整体客流分析：对商场的各个主要通道入口进行准确的客流统计，详细直观地了解商场的客流情况及变化，提供分钟、小时、日、周、月、年的客流量对比和分析。了解新/老顾客占比、性别占比、年龄分布、交通方式占比、近期进场天数、顾客忠诚度、实时进场人数等。

行为轨迹分析：统计和分析顾客进入商场的行为轨迹，让管理者分析和掌握顾客动态和消费习惯，结合商场广告信息精准推送。了解过店人数、进区域人数、实时在店人数、进门区域、平均进店次数等。

主力店铺分析：主力店铺客流量统计，实时统计商场各主力店铺的客流情况，结合销售额让运营管理者更清楚直观地了解各店铺的运营情况，及时调整运营策略；了解热门店铺、热门品类、驻店时长、逛店深度、平均进店次数等。

楼层客流分析：商场各楼层的分层客流量统计，让商场运营管理者更了解各分层客流量情况，给予客流引导，为各分层业态的设计提供分析；了解热门楼层、热门区域等。

客流统计分析如图6-2所示。

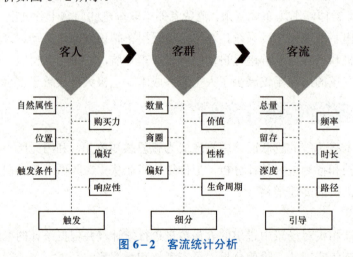

图6-2 客流统计分析

（2）热度图技术

热度图技术（Heat Mapping）可以记录视频中一段时间内消费人群的运动情况，实现消费人群在时间维度上的密度检测，并利用不同的颜色在空间维度上进行展示。以图6-3为例，红色可以表示一段时间内顾客比较密集、停留时间比较长的货架区域，蓝色则表示相对人流较少的区域，等等。这样，通过热度图分析技术可以帮助商家了解最受欢迎的商品类型以及将商品摆放在哪些位置可以增加选购的概率，从而提升销售额。

图 6-3 热度图示例

6.3.3 智慧联动

过去，商业综合体各个 IT 系统都是独立建设、运作，彼此之间数据信息难以甚至无法互通，容易形成信息孤岛。最近几年，安防企业开始致力于打造系统级的智慧联动应用，打破安防系统与其他 IT 系统的壁垒，带来全新的用户体验。

（1）电梯智能调度

在候梯厅及轿厢内部署智能摄像机，对区域内的人数进行计算，实时感知交通需求，合理计算和预测电梯的最佳服务路径，精确规划和优化任务分配。通过减少电梯停站次数，在不牺牲效率的情况下，控制电梯走行距离，同时使轿厢载重尽可能平衡，能够带来更低的能源消耗，据专家测算其节能率在 20% 以上，载客能力提升 30% 左右。由于这种系统对乘客进行最合理的分流，可以有效缩短乘客等候与乘坐时间，减轻轿厢和候梯厅拥挤状况，显著地改善乘梯环境，为乘客带来全新、更愉悦的乘梯体验。

（2）安防、消防联动

安防系统与消防系统都是商业综合体不可或缺的组成部分，在过去是相对独立的两个系统。现在，通过系统级对接可实现二者的有效集成，在发生火警时联动安防系统动作，比如联动消防通道门打开、火警区域摄像机画面弹窗显示等，最大限度地降低危害和损失，保障顾客人身安全。

6.4 基础技术

6.4.1 大数据

数据在人工智能行业发展中占据着非常重要的位置，数据集的丰富性和大规模性对算法训练尤为重要。可以说,实现精准视觉识别的第一步,就是获取海量优质的应用场景数据。以人脸识别为例,训练该算法模型的图片数据量至少应为百万级别。

大数据

(1) 大数据的产生

大数据来源包括社交网络用户数据,科学仪器获取数据,移动通信记录数据,传感器检测环境信息数据,飞机飞行记录、发动机数据,医疗数据(如放射影像数据、疾病数据、医疗仪器数据),商务数据(如刷卡消费数据、网购交易数据)等。可以说,现阶段的"数据"包含的信息量越来越大、维度越来越多。

大数据本身是一个抽象的概念,依托于互联网和云计算的发展,大数据在各行各业产生的价值越来越大,例如大数据+政府、大数据+金融、大数据+智慧城市、大数据+传统企业数字化转型、大数据+教育、大数据+交通等。大数据可以理解为一种资源或资产。

大数据有着广泛的应用,以应对此次新冠肺炎疫情为例,百度地图慧眼迁徙大数据通过数据定向、分析等途径确定了人员流出的方向。通过百度迁徙,用户可以对省市乃至全国每天人员流动情况进行分析。同时,大数据还能够应用于记录微观用户的运动轨迹。对于已确定感染人群来说,通过汇集移动终端的轨迹大数据来勾画关系图谱,进一步追踪接触者以进行隔离管理。除了通过用户地理位置感知,大数据也会对用户的支付、车票行程、住宿等信息进行整合分析。通过人工智能对密集的用户信息进行分析,可以从多个维度筛查出潜在传染用户。

现实生活中的数据有多大呢?据IDC发布的报告《数据时代2025》显示,全球每年产生的数据从2018年的33ZB增长到2025年的175ZB,相当于每天产生491EB的数据。那么175ZB的数据到底有多大呢?1ZB相当于1.1万亿GB。若以网速为25Mbit/s计算,一个人要下载完这175ZB的数据,需要18亿年时间。

而人们所谈论的大数据实际上更多是从应用的层面,比如某公司搜集整理了大量的用户行为信息,然后通过数据分析手段对这些信息进行分析,从而得出对公司有利用价值的结果。

一般而言,大数据是指数量庞大而复杂,传统的数据处理产品无法在合理的时间内捕获、管理和处理的数据集合。

(2) 大数据的特点

IBM把大数据特征归结为5V,如图6-4所示。

● 数据量大(Volume,耗费大量存储、计算资源):数据的存储和计算均需耗费海量规模的资源。

● 速度快(Velocity,增长迅速、急需实时处理):规模增长的数据对实时处理有着极高的要求。

● 多样性(Variety,来源广泛、形式多样):数据在来源和形式上的多样性更加凸显,除大量以非结构化形式存在的文本数据,也存在位置、图片、音频和视频等大量信息。

● 价值密度低(Value,价值总量大、知识密度低):数据的价值在于读懂背后的信息,只有经过深度分析的大数据才可以产生新的价值。

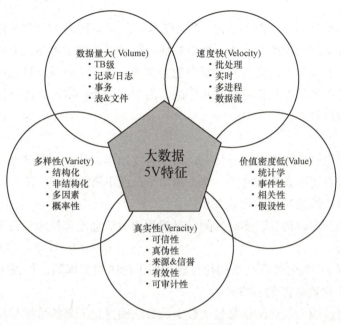

图6-4 大数据5V特征

● 真实性（Veracity，数据的质量和保真性）：大数据中的内容是与真实世界中的发生息息相关的，研究大数据就是从庞大的网络数据中提取出能够解释和预测现实事件的过程。

（3）大数据的价值

大数据的核心在于整理、分析、预测及控制。重点并不是拥有了多少数据，而是拿数据去做了什么。如果数据只是堆积在某个地方，那么它将是毫无用处的。它的价值在于"使用性"，而不是数量和存储的地方。任何一种对数据的收集都与它的价值有关。如果不能体现出数据的价值，大数据所有的环节都是低效的，也是没有生命力的。

数据的价值密度很低，人们最初看到的只是冰山一角，如图6-5所示，需要深层次挖掘。

图6-5 大数据价值

（4）大数据思维

① 整体思维。

整体思维是根据全部样本得到结论，即"样本＝总体"。因为大数据是建立在掌握所有数据，至少是尽可能多的数据的基础上，所以整体思维可以正确地考察细节并进行新的分析。如果数据足够多，它会让人们觉得有足够的能力把握未来，从而做出自己的决策。

结论：从采样中得到的结论总是有水分的，而根据全部样本得到的结论水分就很少，数据越大，真实性也就越高。

② 相关思维。

相关思维要求人们只需要知道是什么，而不需要知道为什么。在这个不确定的时代，等找到准确的因果关系再去办事的时候，这个事情早已经不值得办了。所以，社会需要放弃它对因果关系的渴求，而仅需关注相关关系。

结论：为了得到即时信息、实时预测，寻找到相关信息比寻找因果关系信息更重要。

③ 容错思维。

实践表明，只有5%的数据是结构化且能适用于传统数据库的。如果不接受容错思维，剩下95%的非结构化数据都无法被利用。

对小数据而言，因为收集的信息量比较少，必须确保记下来的数据尽量精确。然而，在大数据时代，放松了容错的标准，人们可以利用这95%的非结构化数据做更多更新的事情，当然，数据不可能完全错误。

结论：运用容错思维可以利用这95%的非结构化数据，帮助人们进一步接近事实的真相。

6.4.2 智慧物流

（1）智慧物流的概念

物流行业是一个既传统又新兴的行业，与人们生活最近，也是让每个人感受到巨大变化的行业。在新技术飞速发展的今天，什么是"智慧物流"？究竟"智慧"在哪？未来还能更"智慧"吗？

智慧物流是指通过智能硬件、人工智能、物联网和大数据等多种技术与手段，提高物流系统分析决策和智能执行的能力，提升整个物流系统的智能化、自动化水平。智慧物流强调信息流与物质流快速、高效、通畅地运转，从而实现降低社会成本、提高生产效率、整合社会资源的目的。

物流是一个关于效率和规模的行业。包括最基本的三大生产要素，即基础设施、生产工具和劳动力。效率的提升来自技术的应用，由于物联网和人工智能的发展，比如智能机器人、自动驾驶汽车等，将对物流产生很大影响——因为智能工具可以代替现有劳动力，形成非常强大的虚拟劳动力，劳动生产率远远高于人类。而伴随着智能机器人、自动驾驶汽车等智能化设备的普及和运用，智能生产工具替代现有生产工具和大量劳动力，形成了新的物流生产要素（图6-6）。因此，所谓"智慧物流"就是从支撑物流的三大基本要素进行优化、改善，甚至替代。所以支撑"智慧物流"的技术可分为智慧物流作业技术和智慧数据底盘技术（图6-7）。

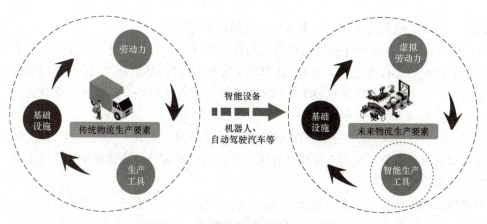

图 6-6 智能设备重组物流生产要素

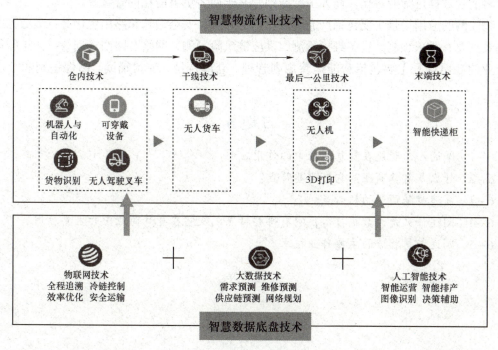

图 6-7 支撑"智慧物流"的技术

(2) 智慧物流作业技术

① 仓内技术：仓内技术主要有机器人与自动化分拣、可穿戴设备、无人驾驶叉车和货物识别 4 类技术。仓内机器人包括 AGV、无人驾驶叉车、货架穿梭车和分拣机器人等，用于搬运、上架、分拣等环节。可穿戴设备包括免持扫描设备、智能眼镜等。

② 干线技术：干线技术主要是无人驾驶货车技术，无人驾驶货车将改变干线物流现有格局。目前，多家企业已开始对无人驾驶货车的探索并取得阶段性成果，发展潜力非常大。

③ 最后一公里技术：最后一公里技术主要包括无人机技术与 3D 打印技术两大类。无人机技术相对成熟，凭借灵活快捷等特性，主要应用在人口密度相对较小的区域，如

农村配送，预计将成为特定区域未来末端配送的重要方式。

3D 打印技术在物流行业的应用将带来颠覆性的变革，目前尚处于研发阶段。未来的产品生产至消费的模式可能是"城市内 3D 打印＋同城配送"，甚至是"社区 3D 打印＋社区配送"的模式，物流企业需要通过 3D 打印网络的铺设实现定制化产品在离消费者最近的服务站点生产、组装与末端配送的职能。

④ 末端技术：末端技术主要是智能快递柜。目前已实现商用（主要覆盖一、二线城市），是各方布局重点，包括深圳市丰果科技有限公司、速递易等一批快递柜企业已经出现。

（3）智慧数据底盘技术

智慧物流的作业技术在实际场景中得以广泛应用，离不开支撑其应用的数据底盘技术：物联网、大数据及人工智能。物联网与大数据互为依托，前者为后者提供部分分析数据来源，后者将前者数据进行业务化，而人工智能则是基于两者更智能化的升级。

物联网的应用场景主要包括产品溯源、冷链控制、安全运输和路由优化等；大数据的应用场景主要有需求预测、设备维护预测、供应链风险预测、网络及路由规划等；人工智能在物流业的应用场景主要包括智能运营规则管理、仓库选址、决策辅助、图像识别和智能调度等。

习题 6

6-1 阐述人工智能在智慧商业中的作用。

6-2 什么是智慧商业？它有哪些特点？

6-3 简述智慧商业的核心点。

6-4 阐述什么是大数据技术，它有哪些特点以及它在智慧商业中的主要应用。

6-5 阐述智慧物流的主要作业技术。

单元 7 智慧制造

7.1 背景引入

制造业（Manufacturing Industry）是指工业时代利用某种资源（物料、能源、设备、工具、资金、技术、信息和人力等），按照市场要求，通过制造过程，转化为可供人们使用和利用的大型工具、工业品与生活消费产品的行业。自第一次工业革命以来，制造业一直都是推动社会发展的核心力量，也是体现一个国家生产力水平的重要因素。

我国作为世界第一的制造业大国，一直保持较好的发展态势，然而在技术、管理等方面与西方制造业强国仍然存在不小的差距，呈现出"大而不强"的状态（图7-1）。主要存在的问题包括：

（1）产业结构不合理

从生产角度来看，我国制造业产业结构的不合理表现为低水平下的结构性、地区性生产过剩，又表现为企业生产的高消耗、高成本；从组织角度来看，目前我国各类产业的一个普遍现象是分散程度较高，集中程度较低；从技术角度来看，在基础原材料、重大装备制造和关键核心技术等方面，与世界先进水平还存在较大差距。

图7-1 制造大国与制造强国

（2）产品附加值不高

一直以来，我国企业大都采用贴牌生产方式，处于全球价值链的中低端，产品设计、关键零部件和工艺装备主要依赖进口。即使在国际市场上占有一定份额的产品，中国厂商也更多地处于组装和制造环节，普遍未掌握核心技术，关键零部件和关键技术主要依赖进口。

（3）能源消耗大、污染严重

由于技术、管理上的落后，我国单位产品能耗远高于国际先进水平，单位产值伴随的污染物排放量也远远高于发达国家的水平。制造过程中的化学需氧量、氮氧化物、二氧化硫、氨氮等以及二氧化碳排放均居世界首位，雾霾、水污染、土壤重金属超标已成为社会公害。

智慧制造技术是未来先进制造技术发展的必然趋势和制造业发展的必然需求，是抢占产业发展的制高点、实现我国从制造大国向制造强国转变的重要保障。我国制造业的规模大，但是总体水平还比较低，培育发展战略性新兴产业和传统制造业转型升级已经成为制造业发展的两个重要任务；迫切需要推进信息化与工业化融合，通过智慧制造技术的发展提高我国制造业创新能力和附加值，实现节能减排目标，提升传统制造水平；通过智慧制造技术的发展，发展高端装备制造业，创造新的经济增长点，开辟新的就业形态。智慧制造也将成为中国从"制造大国"向"制造强国"转变的重要途径和有力支撑。

7.2 核心内涵

7.2.1 智慧制造的概念

智慧制造（Intelligent Manufacturing，IM）是一种由智能机器和人类专家共同组成的人机一体化系统，它在制造过程中能进行智能活动，诸如分析、推理、判断、构思和决策等。通过人与智能机器的合作共事，去扩大、延伸和部分取代人类专家在制造过程中的脑力劳动（图7-2）。

图7-2 智慧制造

智慧制造面向产品全生命周期，实现感知条件下的信息化制造，是在现代传感技术、网络技术、自动化技术、拟人化智能技术等先进技术的基础上，通过智能化的感知、人机交互、决策和执行技术，实现设计过程智能化、制造过程智能化和制造装备智能化。

智慧制造具有鲜明的时代特征，内涵也不断完善和丰富。一方面，智慧制造是制造业自动化、信息化的高级阶段和必然结果，体现在制造过程可视化、智能人机交互、柔性自动化、自组织与自适应等特征；另一方面，智慧制造体现在可持续制造、高效能制造，并可实现绿色制造。

7.2.2　智慧制造的特征

智慧制造系统和传统的制造相比具有以下特征：

（1）自律能力

自律能力指具有搜集与理解环境信息和自身信息，并进行分析、判断和规划自身行为的能力。人们称具有自律能力的设备为"智能机器"——在一定程度上表现出独立性、自主性和个性，甚至相互间还能协调运作与竞争。强有力的知识库和基于知识的模型是自律能力的基础。

（2）人机一体化

智慧制造系统不单纯是人工智能系统，而且是人机一体化智能系统，是一种混合智能。那种想以人工智能全面取代制造过程中人类专家的智能，独立承担分析、判断、决策等任务是不现实的，也是行不通的。因为，具有人工智能的智能机器只能进行机械式的推理、预测、判断，只有逻辑思维（专家系统），最多做到形象思维（神经网络），完全做不到灵感（顿悟）思维，只有人类专家才真正同时具备以上3种思维能力。人机一体化一方面突出人在制造系统中的核心地位，另一方面，在智能机器的配合下，人机之间表现出一种平等共事、相互"理解"、相互协作的关系，使二者在不同的层次上各显其能、相辅相成。

（3）自组织与超柔性

自组织与超柔性指智慧制造系统中的各组成单元可自行组成一种最佳结构，以满足工作任务的需要，并能在运行方式上也表现出柔性，如同一群人类专家组成的群体，具有超柔性。

（4）学习能力与自我维护能力

智慧制造系统能够在实践中不断地充实知识库，具有自学习功能，并在运行过程中具有自行故障诊断、排除，自行维护的能力，使智慧制造系统能够自我优化并适应各种复杂的环境。

7.2.3　智慧制造的体系

智慧制造包括智慧制造系统与智慧制造技术，而智慧制造的实现还要依靠基础硬件，即智慧制造装备的支撑。随着以智慧制造系统、智慧制造技术和智慧制造装备为代表的智慧制造时代的到来，越来越多的制造型企业开始由生产型制造向生产服务型制造转变，智慧制造服务应运而生。如今的智慧制造服务已成为智慧制造的核心内容之一。智慧制造的体系如图7-3所示。

图 7-3 智慧制造的体系

(1) 智慧制造系统

智慧制造系统是一种由智能机器和人类专家共同组成的人机一体化智能系统,部分或全部由具有一定自主性和合作性的智慧制造单元组成。根据智慧制造系统的知识来源,可将其分成以专家系统为代表的非自主型制造系统和建立在系统自学习、自进化与自组织基础上的自主型制造系统两类。

(2) 智慧制造技术

智慧制造技术是指利用计算机模拟制造业领域专家的分析、判断、推理、构思和决策等智能活动,并将这些智能活动和智能机器融合起来,始终应用于整个制造企业子系统(经营决策、采购、产品设计、生产计划、制造装配、质量保证和市场销售等)的先进制造技术。利用智慧制造技术,可实现整个制造企业经营运作的高度柔性化和高度集成化,取代或延伸制造业领域专家的部分脑力劳动,并对制造业领域专家的智能信息进行收集、存储、完善、共享、继承和发展,从而实现生产效率的大幅提高。

(3) 智慧制造装备

智慧制造装备是指具有感知、分析、推理、决策、控制功能的制造装备。智慧制造装备产业的发展,能够加快制造业转型升级,提高生产效率、技术水平和产品质量,降低能源消耗,最终实现制造过程的智能化和绿色化。

(4) 智慧制造服务

智慧制造服务由制造业与服务业相互融合而成,是智慧制造的延伸。智慧制造服务是指面向产品的全生命周期,依托产品来创造高附加值的服务。近年来,随着生活水平的提高,人们对产品服务的需求越来越大,使得智慧制造服务越发受到重视。

7.3 应用案例

三一集团有限公司(简称三一集团)作为工程机械制造领域的佼佼者,秉承"品质改变世界"的使命,致力于将产品升级换代至世界一流水平。三一集团以数据为驱动,创新业务模式、优化业务流程,投身于工程机械智慧制造的产业创新和服务转型,为行业和国家推动智慧制造做出了尝试。

三一集团于 2009 年引进了数字化车间的理念，建设了国内领先的智能工厂数字化车间。此车间内的物流、装配、质检等各环节均实现了自动化，且可将订单逐级、快速、精准地分解至每个工位，创造了快速制成一台制造装备的"三一速度"。这样的智能工厂数字化车间目前已在三一集团多个子公司得到了应用，助推了生产模式的变革。

智能制造数字化车间

（1）智能化生产控制中心

智能化生产控制中心包括中央控制室、现场生产控制系统、现场监控装置等，可以对生产过程和产品质量两部分进行管控，具体表现在两个方面：一方面，借助中央控制室中的大屏、监控等硬件平台及现场生产控制系统，对生产过程进行集中管理与调度；另一方面，利用现场监控装置，提升对产品质量的管控。

（2）智能化生产执行过程管控

智能化生产执行过程管控采用了制造执行系统（Manufacturing Excecution System，MES）。它记录了产品制造过程中的全部信息，具有生产管控、质量管控、物流管控等功能，实现了人员和资源的实时调度，生产制造现场与生产管控中心的实时交互。

（3）智能化仓储、运输与物流

智能化仓储、运输与物流包括智能立体仓库、AGV 小车（Automated Guided Vehicle，自动导引运输车）和公共资源定位系统 3 部分。智能立体仓库能够根据生产过程监控及排产计划自动提前下库和依次下架物料，并能够根据先进先出原则防止产生滞留物料等；AGV 小车能进行智能化的分拣、智能引导产品准时配送、供应链物料园区疏导等；公共资源定位系统能实现制品资源跟踪定位、叉车定位、人员定位、设备资源定位、数据采集等。

（4）智能化加工中心与生产线

智能化加工中心与生产线包括智能化加工设备、智能化生产线、分布式数控系统和智能刀具管理系统。智慧工厂如图 7-4 所示。

① 智能化加工设备和智能化生产线实现了生产过程的自动化，提升了生产效率。

② 分布式数控系统应用物联网技术进行数据采集，实现了支持数字化车间全面集成的工业互联网络，推动了部门业务协同和各应用的深度集成。

图 7-4　智慧工厂

③ 智能刀具管理系统能对生产过程中的刀具、夹具和量具进行整体的流程化管理,并通过实时跟踪刀具的采购、出入库、修磨、校准、报废等过程,帮助工作人员更有效地改善刀具管理过程,降低管理成本。

7.4 基础技术

工业机器人是智慧制造领域不可或缺的现代化装备。它能靠自身动力和控制能力来自动执行工作任务,即可以在接受人的指令后,按照设定的程序执行运动路径和作业。

7.4.1 工业机器人的组成

一台完整的工业机器人由执行机构、驱动系统、控制系统和可更换的末端执行器4个部分组成(图7-5)。

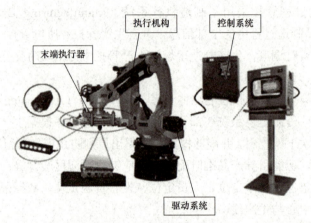

图7-5 工业机器人的组成

(1)执行机构

执行机构即工业机器人的机械本体,用来完成各种作业。它普遍采用类似人体的关节型仿生结构,且因作业任务的不同而有各种结构形式和尺寸,来实现各种不同的柔性功能。

(2)驱动系统

工业机器人的驱动系统用来驱动操作机运动。驱动系统使用的动力源有压缩空气、压力油和电能,与之对应的驱动设备则为气缸、液压缸和电动机。这些驱动设备大多安装在操作机的运动部件上,所以应结构小巧紧凑、质量小、工作平稳。

(3)控制系统

控制系统是工业机器人的核心,决定了工业机器人的功能和技术水平。它通过各种控制电路硬件和软件的结合来操纵工业机器人,并协调工业机器人与生产系统中其他设备的关系。一个完整的控制系统应包括作业控制器、运动控制器、传感器等。

(4)末端执行器

工业机器人的末端执行器是直接用于作业的机构,连接在执行机构腕部的机械接口上。

作业时可按作业内容来选择相应的末端执行器，如用于抓取和搬运的手爪、用于喷漆的喷枪、用于焊接的焊枪、用于检测的测量工具等。

7.4.2 工业机器人的特点

工业机器人具有可重复编程、拟人化、通用性好等特点。

（1）可重复编程

工业机器人可随其工作环境变化的需要而再编程，在小批量、多品种且具有均衡高效率的柔性智慧制造过程中能发挥很好的功用，是柔性智慧制造系统的一个重要组成部分。

（2）拟人化

工业机器人在机械结构上有类似人的腰部、大臂、小臂、手腕等部分，而智能化工业机器人还有许多类似人的"生物传感器"，如接触传感器、力传感器、负载传感器、视觉传感器、声觉传感器等，这提高了工业机器人对周围环境的自适应能力。

（3）通用性好

除了专门设计的专用工业机器人外，一般工业机器人都具有较好的通用性，有时只需更换工业机器人的末端执行器（手爪、工具等）便可执行不同的作业任务。

7.4.3 工业机器人的分类

工业机器人的分类多种多样，比较常见的有按坐标形式分类、按作业用途分类、按控制方式分类等。

（1）按坐标形式分类

工业机器人的机械配置形式多种多样，典型机器人的机构运动特征是用其坐标特性来描述的。按基本动作机构，工业机器人通常可分为直角坐标机器人、圆柱坐标机器人、球面坐标机器人和关节坐标机器人等类型（图7-6）。

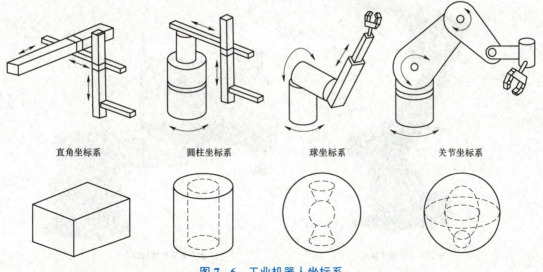

图7-6 工业机器人坐标系

① 直角坐标机器人。

直角坐标机器人的手部在空间 3 个相互垂直的 X、Y、Z 方向做移动运动，构成一个直角坐标系，运动是独立的（有 3 个独立自由度），其动作空间为一长方体。其特点是控制简单、运动直观性强、易达到高精度，但操作灵活性差、运动的速度较低、操作范围较小而占据的空间相对较大。

② 圆柱坐标机器人。

圆柱坐标机器人机座上具有一个水平转台，在转台上装有立柱和水平臂，水平臂能上下移动和前后伸缩，并能绕立柱旋转，在空间上构成部分圆柱面（具有一个回转和两个平移自由度）。其特点是工作范围较大、运动速度较高，但随着水平臂沿水平方向伸长，其线位移精度越来越低。

③ 球坐标机器人。

球坐标机器人工作臂不仅可绕垂直轴旋转，还可绕水平轴做俯仰运动，且能沿手臂轴线做伸缩运动（其空间位置分别有旋转、摆动和平移 3 个自由度）。著名的 Unimate 机器人就是这种类型的机器人。其特点是结构紧凑，所占空间体积小于直角坐标和圆柱坐标机器人，但仍大于关节坐标机器人，操作比圆柱坐标型更为灵活。

④ 关节坐标机器人。

关节坐标机器人由多个旋转和摆动机构组合而成。其特点是操作灵活性好、运动速度高、操作范围大，但精度受手臂位置的影响，实现高精度运动较困难。对喷涂、装配、焊接等多种作业都有良好的适应性，应用范围越来越广。不少著名的机器人都采用了这种形式，其摆动方向主要有铅垂方向和水平方向两种，因此这类机器人又可分为垂直多关节型机器人和水平多关节型机器人（图 7-7）。

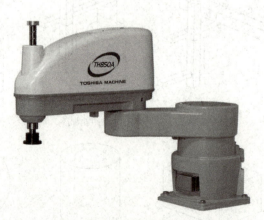

垂直多关节型机器人　　　　　　水平多关节型机器人

图 7-7　关节坐标机器人

垂直多关节型机器人由多个关节连接的机座、大臂、小臂和手腕等构成，大、小臂既可在垂直于机座的平面内运动，也可实现绕垂直轴的转动。模拟了人类的手臂功能，手腕通常由2～3个自由度构成。其动作空间近似一个球体，所以也称为多关节球面机器人。其优点是可以自由地实现三维空间的各种姿势，可以生成各种复杂形状的轨迹。相对其他类型机器人的安装面积，其动作范围很宽。缺点是结构刚度较低，动作的绝对位置精度较低。

水平多关节型机器人在结构上具有串联配置的两个能够在水平面内旋转的手臂，自由度可以根据用途选择2～4个，动作空间为一圆柱体。其优点是在垂直方向上的刚性好，能方便地实现二维平面上的动作，在装配作业中得到普遍应用。

（2）按作业用途分类

工业机器人的不同用途主要是依靠不同的末端执行器实现的，比较常用的包括焊接机器人、喷涂机器人、搬运机器人和装配机器人等。

① 焊接机器人。

焊接机器人是目前最大的工业机器人应用领域（如工程机械、汽车制造、电力建设、钢结构等），它能在恶劣的环境下连续工作并能提供稳定的焊接质量，提高了工作效率，减轻了工人的劳动强度。焊接机器人是焊接自动化的革命性进步，它突破了焊接刚性自动化（焊接专机）的传统方式，开拓了一种柔性自动化生产方式，实现了在一条焊接机器人生产线上同时自动生产若干种焊件（图7-8）。通常使用的焊接机器人有点焊机器人和弧焊机器人两种。

图7-8 焊接机器人

② 喷涂机器人。

喷涂机器人是可进行自动喷漆或喷涂其他涂料的工业机器人（图7-9）。喷涂机器人一般采用液压驱动，具有动作速度快、防爆性能好等特点，可通过手把手示教或点位示教来完成程序录入，进行喷涂工作。喷涂机器人广泛用于汽车、仪表、电气、搪瓷等工艺生产部门，喷涂机器人能在恶劣环境下连续工作，并具有工作灵活、工作精度高等特点，因此喷涂机器人被广泛应用于汽车、大型结构件等喷漆生产线，以保证产品的加工质量、提高生产效率、减轻操作人员劳动强度。

图 7-9 喷涂机器人

③ 搬运机器人。

搬运作业是指用一种设备握持工件,从一个加工位置移到另一个加工位置。搬运机器人可安装不同的末端执行器(如机械手爪、真空吸盘、电磁吸盘等)以完成各种不同形状和状态的工件搬运,大大减轻了人类繁重的体力劳动(图7-10)。通过编程控制,可以让多台机器人配合各个工序不同设备的工作时间,实现流水线作业的最优化。搬运机器人具有定位准确、工作节拍可调、工作空间大、性能优良、运行平稳可靠、维修方便等特点。目前世界上使用的搬运机器人已超过10万台,广泛应用于机床上下料、自动装配流水线、码垛、集装箱等的自动搬运。

图 7-10 搬运机器人

④ 装配机器人。

装配机器人是柔性自动化装配系统的核心设备,由机器人执行机构、控制系统、末端执行器和传感系统组成(图7-11)。末端执行器为适应不同的装配对象而设计成各种手爪和手腕等,传感系统则用来获取装配机器人与环境和装配对象之间相互作用的信息。装配机器人具有精度高、柔顺性好、工作范围小、能与其他系统配套使用等特点，主要用于各种电气制造行业。

图7-11 装配机器人

（3）按控制方式分类

工业机器人按控制方式的不同，可分为点位控制机器人、连续轨迹控制机器人、力（力矩）控制机器人和智能控制机器人。

点位控制机器人只能从一个特定点运动到另一个特定点，而无法控制运动路径；连续轨迹控制机器人能够严格按照预定的轨迹和速度在一定精度范围内运动，并且速度可控，轨迹光滑，运动平稳；力（力矩）控制机器人在完成装配、抓放物体等工作时，除要准确定位之外，还要求使用适度的力或力矩进行工作；智能控制机器人可以通过某些方式（如智能传感器）感知自己的运动位置，并把所感知的位置信息反馈回来以控制机器人的运动。

7.4.4 工业机器人的未来发展方向

（1）灵巧操作技术

工业机器人机械臂和机械手在制造业中有时需要进行模仿人手的灵巧操作，有时甚至需要实现机械手的握取。这就需要在高精度、高可靠性的感知、规划和控制方面开展关键技术研发，也可通过改进机械结构和执行机构来提高工业机器人的精度、可重复性、分辨率等各项性能。

工业机器人未来发展方向

（2）自主导航技术

在由静态障碍物、车辆、行人和动物组成的环境中实现安全的自主导航，是一些装配生产线上需要深入研发和攻关的关键。需要自主导航技术的工业机器人有对原材料进行装卸处理的搬运机器人、实现原材料到成品高效运输的工业机器人，以及类似于仓库存储和调配的后勤操作工业机器人等。

（3）环境感知与传感技术

未来的工业机器人将拥有强大的感知系统，以检测机器人及周围设备的任务进展情况；同时能够及时检测部件和产品组件的生产情况，甚至估算出生产人员的情绪和身体状况，这需要攻克高精度触觉和力觉传感器技术、非侵入式生物传感器技术、人类行为和情绪表达技术、3D环境感知自动化技术。

（4）人机交互技术

未来工业机器人的研发越来越强调新型人机合作的重要性，这将需要研究全侵入式图形化环境、三维全息环境建模、三维虚拟现实装置，以及力、温度、振动等多物理效应作用的人机交互装置等。

习题 7

7-1 中国制造业面临的挑战和机遇有哪些？

7-2 智慧制造与传统制造的差别体现在哪些方面？

7-3 工业机器人系统主要由哪几个部分组成？

7-4 工业机器人主要应用在哪些领域？

7-5 工业机器人有哪几种坐标形式？

单元 8 智慧农业

8.1 背景引入

中国作为一个农业大国,"三农"问题关系到国民素质、经济发展、关系到社会稳定、国家富强、民族复兴。自 2004 年以来,党中央一号文件无一不是聚焦"三农"问题。在智能化风起云涌的今天,农业发展必然离不开智能化的助力,将传统农业过渡到现代农业,进而发展成为智慧农业,是我国农业发展的必由之路,也是智能领域的机遇和挑战。

智慧农业背景

近年来,我国农业现代化加快推进,但各种风险和结构性矛盾也在积累聚集,突出表现在:

(1) 农业资源偏紧和生态环境恶化的制约日益突出

多年来资源条件已经绷得很紧,农业面源污染、耕地质量下降、地下水超采等问题日益凸显;特别是温饱问题解决后,社会公众对生态环境和农产品质量安全要求更高,迫切需要加快转变农业发展方式。

(2) 农村劳动力结构变化的挑战日益突出

农村劳动力大量转移,务农劳动力素质结构性下降,农业兼业化、农民老龄化、农村空心化问题突出,今后"谁来种地""如何种地"的问题已经很现实地摆在我们面前。

(3) 农业生产结构失衡的问题日益突出

区域布局与资源禀赋条件不尽匹配,北粮南运与南水北调并存;粮经饲结构不合理,一些农产品库存增加与部分农产品进口增加并存;种养业结合不紧、循环不畅,地力下降与养殖业粪污未能有效利用并存。

(4) 农业比较效益低与国内外农产品价格倒挂的矛盾日益突出

一方面,国内农业生产成本持续上涨,农产品价格却弱势运行,导致农业比较效益持续走低;另一方面,国际市场大宗农产品价格下降,已不同程度低于我国国内同类产品价格,导致进口持续增加,成本"地板"与价格"天花板"给我国农业持续发展带来双重挤压。

面对农业存在的一系列问题,要以智能化为路径,开展智慧农业建设,另辟一条解决农业、农村、农民问题的蹊径。

8.2 核心内涵

8.2.1 智慧农业的概念

随着现代信息技术在农业领域的广泛应用，农业的第三次革命——农业智能革命已经到来。农业智能革命的核心要素是信息、装备和智能，其表现形态就是智慧农业（Smart Agriculture/Farming）。智慧农业是以信息和知识为核心要素，通过将互联网、物联网、大数据、云计算、人工智能等现代信息技术与农业深度融合，实现农业信息感知、定量决策、智能控制、精准投入、个性化服务的全新的农业生产方式，是农业信息化发展从数字化到网络化再到智能化的高级阶段。现代农业有三大科技要素：品种是核心，设施装备是支撑，信息技术是质量水平提升的手段。智慧农业完美融合了以上三大科技要素，对农业发展具有里程碑意义。

智慧农业核心内涵

综合智慧农业的技术特征及我国发展现代农业的战略需求，我国未来 10 年智慧农业发展的战略目标为：瞄准农业现代化与乡村振兴战略的重大需求，突破智慧农业核心技术、卡脖子技术与短板技术，实现农业"机器替代人力""电脑替代人脑""自主技术替代进口"的三大转变，提高农业生产智能化和经营网络化水平，加快信息化服务普及，降低应用成本，为农民提供用得上、用得起、用得好的个性化精准信息服务，大幅提高农业生产效率、效能、效益，引领现代农业发展。

8.2.2 智慧农业发展方向

智慧农业的重点发展方向包括：

（1）研发具有自主知识产权的农业传感器

传感器是智慧农业核心技术，高端传感器的核心部件（如激光器、光栅等）制约了智慧农业发展。要研发具有自主知识产权的土壤养分（氮素）传感器、土壤重金属传感器、农药残留传感器、作物养分与病害传感器、动物病毒传感器以及农产品品质传感器等。

（2）发展大载荷农业无人机植保系统

包括研发载荷 200 千克以上的高端无人机的导航和仿形飞控平台、作业装备，重点攻克田间环境感知和自主作业避障技术，发展大载荷自主控制农业植保无人机平台和精准施药技术装备等。

（3）研制智能拖拉机

目前我国大马力高端智能拖拉机主要依靠进口。需研制农机传感器高性能芯片、智能终端、基于国际标准的控制器局域网络（Controller Area Network，CAN）总线技术控制模块，攻克拖拉机自动驾驶技术，包括农机导航陀螺加速度传感器、全球导航卫星系统（Global Navigation Satellite System，GNSS）板卡、ARM（Advanced RISC Machines）芯片、角度传感器、电动方向盘电机和基于现实增强技术等（图 8-1）。

(4) 研发农业机器人

要研发一批能承担高劳动强度、适应恶劣作业环境、完成高质量作业要求的农业作业机器人，如嫁接机器人、除草机器人、授粉机器人、打药机器人以及设施温室电动作业机器人等（图8-2）。

(5) 解决农业大数据源问题

信息处理是智慧农业发展的最大瓶颈。要建立高效、低成本的天空地信息获取系统，积极发展农业专用卫星，协同用好高分系列卫星和国际其他卫星资源，解决农业大数据源问题（图8-3）。

图8-1 智能拖拉机

图8-2 农业机器人

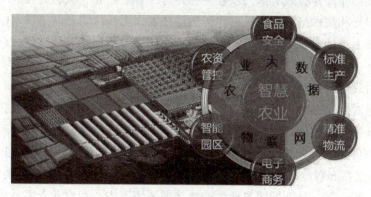

图8-3 农业大数据

(6) 发展农业人工智能

要充分利用新一代人工智能发展的历史机遇，积极发展农业人工智能。重点开展农业大数据智能研究，通过深度学习建立农业知识图谱，实现作物病虫害和动物个体智能识别与诊断,研究智能语音精准信息服务系统等。

(7) 开展集成应用示范

要推进智慧农场(大田精准作业)、智能植物工厂、智慧牧场、智慧渔场、智慧果园、农业智能信息服务、典型农业机器人、农产品智能加工车间和智慧物流等的集成应用示范。

(8) 提升智慧农业产业

通过研发农业智能材料、农业传感器与仪器仪表、智能化农机装备、农业智能机器人、农业群体智能搜索引擎、农业智能语音服务机器人、农技推广智能化工具箱、农业软件智能重构工具产品,发展农业装备智能化生产线、农业商务智能、农业综合信息智能服务、农机智能调度与运维管理、农产品质量安全智能监管、农业资源智能监管、农情监测与智能会商、农产品监测预警系统平台等提升智慧农业产业。

8.3 应用案例

发展智慧农业,不仅需要技术的成熟和完善,也要依靠管理模式的创新,其发展方向和突破口,就在对物联网技术的综合运用和管理模式上。从整体来看,物联网技术把智慧农业分解为几个有机组成部分:智慧生产、智慧管理、智慧交易、智慧服务。每个部分的信息和数据都是交互传播的,并成为农业大数据网络中的动力因子。如何将这几个部分有机组合在一起,并采取合理的模式使其良好运行,是用好智慧农业物联网技术的关键。

智慧农业应用案例

(1) 智慧生产

智慧生产目的是利用物联网技术对农产品的质量进行源头性保障。智慧生产首先要依靠政府的扶持、引导和推动。比如:加快农村地区信息基础设施建设步伐;加快对物联网技术研发的投入速度;加深各级政府部门及社会各界对"智慧农业"概念的理解深度;积极推进对农户的观念引导和技术培训;积极搭建传感器技术、无线传感器网络技术以及信息决策技术等平台。智慧生产让农业生产环节的各类基础性信息和数据能够被完整、详细、全面地记录和使用(图8-4)。

(2) 智慧管理

智慧管理是对农产品进入生产环节之后所产生的一系列数据的管理,包括预警、防范、调度、控制、异常问题的处理和指挥等。智慧管理的关键在于及时分析和处理各类数据,并将传感器网络与信息决策和处理网络进行无缝连接,让数据能够自我管理、自我处理和修复。具体来看,就是要在农村地区积极建设公共信息资源数据库,推广各种综合类信息服务平台,建立国家、省、市、区(县)四级农业生产决策指挥调度中心和农业专家系统平台,将技术与实际问题和需求紧密结合在一起。

(3) 智慧交易

这是实现智慧农业市场价值的重要环节,包括利用物联网技术跟踪、记录、监测、查询和反馈农产品的出入库、物流、入市渠道、销售方式、售后市场反应等一系列数据。

当前，应尽快搭建和完善农产品供求链条的智能模型和电子商务平台，尤其要大力推进农产品溯源系统的建设，降低农村产业的运营成本，细化和提升城乡产业衔接模块（图8-5）。

图8-4 智慧农业生产

图8-5 智慧农业交易

我国对农产品的溯源技术研究始于2002年，主要有两种运作模式：一是政府主导的农产品溯源系统平台，主要针对生产者、加工者在对农产品和农副产品进行生产加工制作时使用的原料、农药等进行追踪、规范和管制；二是企业主导的农产品溯源平台，主要针对消费者，技术路线是：消费者利用各种智能终端，对农产品二维码进行扫描，通过物联网技术的大数据服务平台，追踪和查询产品整个生命周期、物流及交易过程中的相关数据和信息。这两种技术和模式相比较而言，后者显然更具市场活力和创新能力，可以广泛推动各类生产要素的整合、社会资本的流动和增值、技术的更新和应用、市场诚信体系的成熟和完善，是智慧农业中最具盈利前景的方向之一。

（4）智慧服务

智慧服务就是对上述所有物联网技术所提供的数据进行归类和整合，形成巨大的农业资源数据库，能够为以后的生产、管理、交易、投资等行为提供最优方案和战略。推动智慧服务主要有两种路径：一是政府的扶持、引导和推动；二是企业、社会团体及个人的关注和投入。前者是支柱性力量，要利用政策杠杆向智慧农业物联网技术和运营模式进行资金、技术、人员的扶持和倾斜；要多部门联动，带头鼓励社会组织、企业单位进行农业产业的科技创新、模式创新；制定农业物联网技术应用标准，比如：农业传感器及标识设备的功能、性能、接口标准，田间数据传输通信协议标准，农业多源数据融合分析处理标准，应用服务标准，农业物联网项目建设规范等，推动智慧农业全面健康发展。

发展智慧农业物联网技术要因地制宜，根据各地的信息基础设施、产业资源、物流成本、市场需求等条件来决定技术应用的种类和层次。在操作模式上，要逐步将政府的推动力量由主力变成助力，逐步完善土地流转等制度，加深政企合作的力度，搞活智慧农业的市场竞争机制，鼓励企业及相关研究单位进行人才培养和科技创新，共同推进智慧农业的科学、全面、健康发展。

8.4　基础技术

8.4.1　农业工业化

农业工业化主要是指在以市场需求为导向的前提下，用工业的技术手段或者工业的设备，对初级农产品进行深加工，用工业的手段发展农产品加工业。从广义上说，农业工业化也指用现代化的工业设备和技术装备农业，比如用现代的生物技术、种植技术、信息技术等改造农业，提高农业的生产效率和管理水平（图 8-6）。还包括用现代工业的经营理念和组织方式，来管理农业的生产和经营。

图 8-6　农业工业化

农业工业化的主要特征包括：

① 全面实现机械化。

与传统农业相比，农业工业化阶段的农业在生产方式上，逐步改变以人的体力为主的农业耕作方式，使用自动化、功率庞大的机械，实现了农业机械化，不仅在农业生产的各个主要环节，而且在各个辅助作业环节也都使用机械，即实现农业生产全程机械化。

② 化学技术和化学投入品的大面积推广普及和应用。

工业化农业以追求经济效益为主要目的，为了实现农业外部投入与农业产出比的最大化，广泛采用现代化学技术、合成物质装备和改造传统农业，在农业生产中大量投入化肥和农药。

③ 大力发展和使用设施农业和生物技术。

设施农业采用大量现代化保护措施，在相对可控的环境下，按照人类意愿而进行农产品工业化生产。设施农业极大地提高了农业的产量、产值和抗御自然灾害、风险的能力，也使水土资源得到了高效利用。同时，人类大量采用杂交优势、组织培养、核辐射、细胞融合、基因工程等先进生物技术改造传统农业。现代生物技术的不断突破及广泛应用，使农作物的产量、产值提升到一个新的水平和高度。

④ 实行集约化和专业化生产经营方式。

集约化是指在一定面积的土地上集约投入较多的物质、资金、科技、管理和劳动力等生产要素和资本，进行规模化种植或养殖的生产经营方式和手段。专业化是指农业生产单位专门从事一种生产经营，精于一业一职而不兼他业的生产经营方式，它包括农业企业专业化、农艺过程专业化和农业生产区域化。高度集约化、专业化和规模化生产给农业经营带来了前所未有的高产量、高效率和高效益。当农业被赋予机械化、技术化、商品化、工业化等新的内涵时，它本身就已经融合在工业文明之中了。

农业工业化阶段的农业，在机械工业、化学工业和生物技术的支持下，虽然取得了许多积极成果，为人类社会经济发展做出了巨大的贡献，但过度依赖使用化肥、农药、机械和动力等能物资源，以及有毒外在物质在农业生产中的泛滥也潜藏着严重的生态风险，农业工业化的生态破坏性正在逐步显现出来。

在农业工业化的进程中，存在着各类风险。以大量投入化肥、农药、机械、能源为主要特点的农业工业化，如果不加以合理的规划和限制，对土地和资源就会具有极大的破坏性，潜藏着严重的生态风险。农业工业化及其生产方式，在带来现代农业的发展与繁荣的同时，也带来了许多不确定的和难以预知的生态风险。

（1）加速农业生态系统生物多样性的丧失

在整个自然生态系统中，农业生态系统结构较为简单，种养的作物、畜禽等动植物种类较少，生物多样性单一，食物链短小而单纯，系统内部动态平衡和稳定性差，极易受到外界的干扰和破坏。农业工业化的高度集约化、专业化和规模化生产事实上已经导致一定生态区域或范围产业经营的更加单一化，造成了农业种养动植物种类和品种结构更加单一化，并进一步加速、加剧了农业生态系统遗传多样性、基因多样性、物种多样性和生态多样性的破坏与丧失。更为严重的是，化学农药等在有效控制有害生物种群数量和危害度的同时，也使农业生态系统中野生动植物、有益生物、害虫天敌等种群数量、结构受到破坏，导致农业生物多样性丰度下降，生态失衡。

（2）极易引发重大病虫害的频发和大流行

集约化、专业化生产经营必然导致作物种植布局的过度单一化。人们种植大面积、高效益的单一作物，虽然能够获取暂时的高收成和功效，但这也意味着那些单一种植的作物极易受害虫和疾病的侵袭。出于大规模种植某一单一高产的作物的诱惑，农民会抛弃谷物、蔬菜和水果等宝贵的地方品种——其中有些品种已有几千年的历史，已经很好地适应了当地的气候、害虫和疾病。同时，农业工业化为了追求效益最大化，在农业生产中大量应用生物转基因工程，由于转基因还存在许多人类未知或不能控制的领域，因此不能排除出现超级害虫、病菌、病毒的可能性。

（3）加剧对农业生态环境的污染

一方面，人类赖以为生的土壤正在遭到破坏。由于机械化作业的强度大，极易导致耕作、犁耙过度，进一步加剧农田土壤的风蚀和水蚀，造成水土流失和沙尘暴肆虐。化肥和农药的过多使用及大量危险废料的到处抛撒，对有限的土地造成了不可逆转的污染，大量可耕地的肥沃程度在降低。土地退化、沙漠化、贫瘠化和盐碱化有日益加剧的趋势。马克思在《资本论》中曾对机器与大工业时代的资本主义农业进行过分析，他认为这种生产方式"破坏着人和土地之间的物质交换，也就是使人以衣食形式消费掉的土地的组成部分不能回到土地，从而破坏土地持久肥力的永恒的自然条件。资本主义农业的任何进步，都不仅是掠夺劳动者的技巧的进步，而且是掠夺土地技巧的进步，在一定时期内提高土地肥力的任何进步，同时也是破坏土地肥力持久源泉的进步。一个国家，例如北美合众国，越是以大工业作为自己发展的起点，这个破坏过程越迅速"。

另一方面，水安全受到威胁。农业过程中，长期过量和不规范使用化肥、化学农药、除草剂，这些污染物和杂质沉淀物没有经过处理直接排放至地表水和地下水中，污染物导致生态变迁和多种传染病的产生，并将传染病及毒性化学物带给人类、动物和植物。在农业开发程度比较高的国家里，由于过多地使用农药和化肥，地表水和地下水都受到了严重的污染。

（4）农产品营养水平在不断降低

由于规模化种植与养殖，各种类型生长激素的大量使用，稻米、蔬菜等农产品的品质和营养水平呈明显下降趋势。据美国得克萨斯州立大学研究表明，目前的水果和蔬菜的营养价值与10年前的农作物相比，在蛋白质、钙、维生素C、磷、铁、核黄素等方面下降了38%。这一后果是与农业的化学化、设施化的快速推进密不可分的。

（5）农产品质量不安全因素增加

目前影响农产品安全的主要问题是农药和兽药残留、重金属残留及硝酸盐污染。中国农业部组织有关质检机构对国内37个城市蔬菜农药残留状况的监测结果表明，52种蔬菜3 845样品中，农药残留超标样品318个，超标率为8.3%。频繁过量施用氮肥，导致蔬菜中硝酸盐含量严重超标，某些磷肥含氟、镉、砷等有害物质，增加了蔬菜、粮食中氟和重金属含量。

（6）人类健康受到威胁

农业工业化进程中，为了降低成本、提高产量，农业经营者对农作物施加化肥、生长剂，对牲畜进行填鸭式的圈养，并在动物食物中添加各种化学添加剂。而这些农业化学品的长期过量使用，使农产品中重金属、亚硝酸盐、农药残留、激素、色素、抗生素等有毒有害物质超标严重，产品品质下降，引发和导致人畜各类严重疾患的高发，威胁大众身心健康乃至生命安全。大量施用化肥、农药将会造成上百种化合物、重金属、有毒产品存在于整个食物链中，并最终将威胁到动植物的健康，极易引致癌症等人类重大疾病的高发。

8.4.2 自动检测技术

自动检测是指在计算机控制的基础上，对系统、设备进行性能检测和故障诊断，是性能检测、连续监测、故障检测和故障定位的总称。现代自动检测技术是计算机技术、微电子技术、测量技术、传感技术等学科共同发展的产物。凡是需要进行性能测试和故障诊断的系统、设备，均可以采用自动检测技术。

自动检测系统是指能自动完成测量、数据处理、显示（输出）测试结果的一类系统的总称。它是在标准的测控系统总线和仪器总线的基础上组合而成，采用计算机、微处理器做控制器，通过测试软件完成对性能数据的采集、变换、处理、显示等操作程序，具有高速度、多功能、多参数等特点。自动检测系统如图8-7所示。

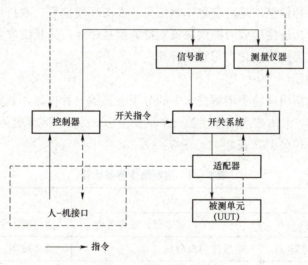

图8-7 自动检测系统

自动检测系统主要包括以下几部分：

（1）控制器

控制器是自动检测系统的核心，由计算机组成。它是在检测程序的作用下，对检测周期内的每一步骤进行控制，完成管理检测周期、控制数据流向、接收检测结果、进行数据处理、检查读数是否在误差范围内、进行故障诊断、将检测结果送到显示器等功能。

(2) 激励信号源

主要应用于主动式检测系统，它向被测单元提供检测所需的激励信号。

(3) 测量仪器

检测被测单元的输出信号，根据激励信号的不同选择合适的测量仪器。

(4) 开关系统

控制被测单元和自动检测系统中有关部件间的信号通道，即控制激励信号输入被测单元和被测单元的被测信号输往测量装置的信号通道。

(5) 人机接口

实现操作员和控制器的双向通信。操作员用键盘或开关向控制器输入信息，控制器将检测结果及操作提示等有关信息送到显示器显示。当需要打印检测结果时，人机接口内应配备打印机。

(6) 检测程序

自动检测系统是在检测程序的控制下进行性能检测和故障诊断的。检测程序完成人机交互、仪器管理和驱动、检测流程控制、检测结果的分析处理和输出显示、故障诊断等，它是自动检测系统的重要组成部分。

8.4.3 农业信息传感器

传感器是智慧农业的源头，通过各类农业传感器感知农田、农业设施、畜牧养殖、水产养殖等生产环节的各种信息，还可获取作物信息、农田环境信息、农机作业信息等，分析与处理采集的环境信息，最终形成可提供决策支持的信息命令，为精细农业提供更加丰富的实时信息，为农业生产提供智能化、智慧化管理。

(1) 溶解氧传感器

溶解氧传感器是指用来检测溶解在水中的分子态氧的一种仪器，其检测结果是评定农业水产养殖中水质优劣、水体被污染程度的一个重要指标。目前，溶解氧传感器包括电化学型、化学型、光学型等3种类型（表8-1、图8-8）。

表8-1 溶解氧传感器比较

类型	优点	缺点
化学型溶解氧传感器	方便简单，成本低，操作方便	适用范围窄，测量准确度较差
Clark型溶解氧传感器	电极使用寿命长	价格较高，需加外部电压
原电池型溶解氧传感器	操作方便，电极不需要外部提供电压，测量简单方便	使用寿命短、稳定性差
电位溶解氧传感器	方法简单，准确度高	响应时间不稳定，适用范围小
分光光度法溶解氧传感器	操作简单，测量快速，准确度高	寿命短，需要维护
荧光淬灭法原理溶解氧传感器	灵敏度高，检测精度高，响应时间短	价格较高

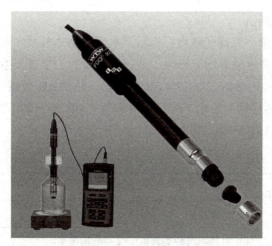

图 8-8 溶解氧传感器

化学型溶解氧传感器的工作原理是，利用氯化锰和碱性碘化钾试剂加入待测水样中生成氢氧化锰沉淀，2 价锰被溶解氧氧化成 4 价锰，生成 Mn_2O_3 棕色沉淀，随后加入硫酸酸化的 KI 反应生成 I_2，用淀粉做指示剂，利用硫代硫酸钠滴定析出的碘计算溶解氧的含量。这种传感器测定简单、结果准确、重现性好。但测定时间长，操作烦琐，并需要消耗大量的化学药品。针对碘量法的不足，许多研究对其进行了修正与改进，主要有叠氮化钠修正法、高锰酸钾修正法等。

Clark 型溶解氧传感器以铂或金做阴极，银做阳极，KCl 溶液通常作为电解质。当阴阳两极间受到一定外加电压时，溶解氧会透过透氧膜，在阴极上被还原产生的扩散电流与氧浓度成正比，从而测定溶解氧含量。极谱型传感器工作时，电解质参与反应，必须隔一段时间添加电解质。极谱型电极使用寿命长，但其价格昂贵。

原电池型溶解氧传感器电极的阴极由对氧具有催化还原活性比较高的贵金属（Pt、Au、Ag）构成，阳极由不能够极化的金属（Pb、Cu、Cd）构成，电解质采用 KOH、KCl 或其缓冲溶液。原电池型溶解氧传感器通过氧化还原反应在电极上产生电流，生成 K_2HPO_3 时向外电路输出电子，这时会有电流产生通过，根据电流的大小就可以求出氧浓度。原电池型溶解氧传感器电极不需要外部提供电压，也不需要添加电解液或维护更换电极膜，测量更加简单方便，但是阳极的消耗会限制其使用寿命。

电位溶解氧传感器是利用不同的氧气浓度产生的电位建立线性方程，从而对水中溶解氧含量进行测定。一般主要是利用结构中有氧缺陷、对氧敏感的物质作为电极，主要有 IrO_2、RuO_2、ZrO_2 等。

分光光度法溶解氧传感器根据 I_3 与罗丹明 B 在硫酸介质中反应生成离子缔合物在 360 nm 波长处有最大吸收，然后进行溶解氧的测定，结果发现该方法具有操作简单、测量快速、准确度高的优点。

荧光猝灭原理溶解氧传感器是基于分子态的氧可以被荧光物质的荧光猝灭效应原理而设计的，具有稳定性、可逆性好，以及响应时间短和使用寿命长的特点。

（2）水体酸碱度传感器

酸碱度（pH）指溶液中氢离子浓度，标示了水的最基本性质，对水质的变化、生物繁殖的消长、腐蚀性、水处理效果等均有影响，是评价水质的一个重要参数。目前，水体酸碱度传感器主要分为光学 pH 传感器、电化学 pH 传感器、质谱 pH 传感器、光化学 pH 传感器 4 类。其中光学 pH 传感器根据其原理不同又可分为荧光 pH 传感器、吸收光谱 pH 传感器、化学发光 pH 传感器 3 种（表 8–2、图 8–9）。

表 8–2　水体酸碱度传感器比较

类型	优点	缺点
荧光 pH 传感器	选择性好，线性范围宽及灵敏度高	通用性较差
吸收光谱 pH 传感器	可测物质种类繁多，仪器结构简单	灵敏度相对较低
化学发光 pH 传感器	不需激发光源，结构简单，灵敏度高	通用性差
电化学 pH 传感器	检测限低，灵敏度高，制作简单，易于微型化，通用性好	寿命短，需要维护
质谱 pH 传感器	灵敏度高，通量高，效率高	价格较高，易受损
光化学 pH 传感器	平衡时间快，容易标定，测量动态范围宽，信号稳定，便于携带，使用寿命长，不易受损	通用性偏差

图 8–9　水体酸碱度传感器

不同类型 pH 传感器的工作原理不同，光学 pH 传感器中，荧光 pH 传感器的工作原理是利用不同 pH 的被测样品发出的荧光经反射后的光路径的不同测定；吸收光谱 pH 传感器的工作原理则是利用不同 pH 被测样品对光谱的吸收程度不同，从而测定样品的 pH 值；化学发光 pH 传感器的工作原理则是处于基态的分子吸收反应中释放的能量，跃迁至激发态，然后激发态的分子以辐射的方式回到基态，伴有发光现象，通过检测发光的强度来确定被测物质含量。

电化学 pH 传感器的工作原理则是以电极为传感器，将待测物的化学信号直接转变为电信号来完成对待测组分的检测；质谱 pH 传感器工作原理则是通过使样品各组分发生电离，不同质荷比的离子经过电场的加速作用形成离子束,在质量分析器中的离子束发生速度色散,再将其聚焦确定质量,从而对样品的结构与成分进行分析。

光化学 pH 传感器工作原理则是利用光学性能随着氢离子浓度的变化发生相应改变,通过光纤或其他光传导方法把白光或某种特定波长下的光导入检测器中,检测模块的反射光、透射光或发出的荧光信号随着离子浓度变化而变化,对变化的光信号进行处理和分析便可得出所测溶液的 pH 值。

(3) 水体温度传感器

水体温度是水产养殖监测基本参数,其传感器大致分为电阻式、PN 结式、热电式、辐射式等四种类型。四类温度传感器的工作原理各不相同,电阻式温度传感器是根据不同的热电阻材料与温度间的线性关系设计而成;PN 结式温度传感器以 PN 结的温度特性作为理论基础;热电式利用了热电效,根据两个热电极间的电势与温度之间的函数,对其进行测量;辐射式温度传感器的原理是不同物体受热辐射其物体表面颜色变化深浅不一(表 8–3)。

表 8–3 水体温度传感器比较

类型	优点	缺点
电阻式	性质稳定,测量精确,体积小,热惯性小,灵敏度高,结构简单,价格便宜	测量范围有限
PN 结式	使用方便,线性度好,精度高,体积小,反应快,校准方便	成本较高,适用范围有限
热电式	测量温度范围较大(-184~2 300 ℃)	寿命短
辐射式	自动化测量,精度高	成本较高

(4) 水体氨氮传感器

氨氮是水产养殖中重要的理化指标,主要来源于水体生物的粪便、残饵及死亡藻类。氨氮升高是造成水体富营养化的主要环境因素。目前,水体氨氮传感器主要有金属氧化物半导体(MOS)传感器、固态电解质(SE)传感器和碳纳米管(CNTs)气体传感器(表 8–4)。

表 8–4 水体氨氮传感器比较

类型	优点	缺点
金属氧化半导体传感器	使用寿命长,不需要维护	工作时需要较高温度,灵敏度低,通用性差
固态电解质传感器	价格低廉	消耗功率大,抗干扰能力较差,使用不便
碳纳米管气体传感器	灵敏度高,响应速度快,尺寸小,能耗低	价格较高

(5) 土壤含水量

土壤含水量是保持在土壤孔隙中的水分,其直接影响着作物生长、农田小气候及土壤的机械性能。在农业、水利、气象研究的许多方面,土壤含水量是一个重要参数。土壤水分传感技术的研究和发展直接关系到精细农业变量灌溉技术的优劣。

土壤温湿度传感器如图 8-10 所示。

图 8-10 土壤温湿度传感器

(6) 土壤电导率

电导率是指一种物质传送电流的能力,是利用电流通过传感器的发射线圈,进而产生原生动态磁场,从而在大地内诱导产生微弱的电涡流以及次生磁场。位于仪器前端的信号接收圈,通过接收原生磁场和次生磁场信息,测量二者之间的相对关系从而测量土壤电导率。

(7) 土壤养分

土壤养分制约着作物生长发育,土壤养分的实时检测是作物良好生长的先决条件,而土壤养分传感器是获取土壤成分的主要手段。土壤养分测定的主要是氮、磷、钾三种元素,它们是作物生长的必需营养元素。目前,测定土壤养分的传感器主要分为化学分析土壤养分传感器、比色土壤养分传感器、分光光度计土壤养分传感器、离子选择性电极土壤养分传感器、离子敏场效应管土壤养分传感器、近红外光谱分析土壤养分传感器,其各具优缺点(表 8-5)。

表 8-5 土壤养分传感器比较

类型	优点	缺点
化学分析土壤养分传感器	成本低	操作复杂,准确度低,易受干扰,通用范围小
比色土壤养分传感器	设计简单,成本低	重复度低,应用范围有限
分光光度计土壤养分传感器	灵敏度高,响应速度快,应用范围广	价格高昂,样本前处理复杂
离子选择性电极土壤养分传感器	结构简单,灵敏度高,响应速度快,前处理简单,抗干扰强	测定组分单一,检测效率低

续表

类型	优点	缺点
离子敏场效应管土壤养分传感器	取样少，检测速度快，自动化程度高，操作简单	检测范围比较窄，检测精度低，重复性差，成本太高
近红外光谱分析土壤养分传感器	测试简单，速度快，无污染，使用范围广	难以获得较高的相关系数

化学分析土壤养分传感器的工作原理是利用常规化学滴定法，对待测样品进行测定，从而计算出待测成分的含量；比色土壤养分传感器的工作原理是以生成的有色化合物可产生的显色反应为基础，对物质溶液颜色深度进行比较或测量而确定待测样品含量；分光光度计土壤养分传感器的工作原理是利用溶液颜色的透射光强度与显色溶液的浓度成比例，通过测定透射光强度测定待测样品组分含量；离子选择性电极土壤养分传感器是将离子选择性电极、参比电极和待测溶液组成二电极体系（化学电池），通过测量电池电动势计算溶液中待测离子的浓度；离子敏场效应管土壤养分传感器的工作原理是通过离子选择膜对溶液中的特定离子产生选择性响应改变栅极电势，控制漏极电流，漏极电流随离子活度（浓度）变化而变化，从而测定待测样品组分含量；近红外光谱分析土壤养分传感器的工作原理是利用田间作物反射光谱，分析预测土壤养分含量，或利用原始土样反射光谱分析预测土壤养分含量。

习题 8

8-1 农业发展遇到的问题和瓶颈有哪些？
8-2 现代农业与传统农业的区别体现在哪些方面？
8-3 智慧农业的主要发展方向是哪些？
8-4 农业工业化和农业信息化能够解决哪些问题？
8-5 农业水体信息传感器有哪些种类？各有什么功能？
8-6 农业土壤信息传感器有哪些种类？各有什么功能？

第三篇　智慧服务

　　服务业是随着商品生产和商品交换的发展，继商业之后产生的一个行业。我国服务业主要涵盖医疗、教育、娱乐等领域，以提高人民群众物质文化生活水平为目的。随着人工智能技术的大发展，服务业也首当其冲地开始了向智慧服务的变革。

单元 9 智慧医疗

9.1 背景引入

健康是人民的基本需求，是经济社会发展的基础。随着中国特色社会主义进入新时代，社会主要矛盾转化为人民日益增长的美好生活需要和不平衡不充分的发展之间的矛盾，人民的健康需求也随之发生变化。党的十九大明确提出实施健康中国战略，完善国民健康政策，为人民群众提供全方位、全周期健康服务，以满足人民多层次、多元化的健康需求。

智慧医疗背景

医疗卫生行业具有服务对象广、工作负荷大、职业风险多、成才周期长、知识更新快的特点，提供优质高效的医疗卫生服务，一方面要依靠科技进步、理念创新，大力提升医疗技术水平，提高医疗服务效率；另一方面要深刻认识到，医务人员是医疗卫生服务和健康中国建设的主力军，是社会生产力的重要组成部分，充分调动、发挥医务人员积极性、主动性，对提高医疗服务质量和效率，保障医疗安全，建立优质高效的医疗卫生服务体系，维护社会和谐稳定具有十分重要的意义。

但是，由于国内公共医疗管理系统的不完善，医疗成本高、渠道少、覆盖面小等问题困扰着大众民生，尤其以"效率较低的医疗体系、质量欠佳的医疗服务、看病难且贵的就医现状"为代表的医疗问题为社会关注的主要焦点。大医院人满为患，社区医院无人问津，病人就诊手续烦琐等问题都是由于医疗信息不畅、医疗资源两极化、医疗监督机制不全等原因导致，这些问题已经成为影响社会和谐发展的重要因素。

在不久的将来医疗行业将融入更多人工智能、传感技术等高科技，使医疗服务走向真正意义的智能化，推动医疗事业的繁荣发展。在中国新医改的大背景下，智慧医疗正在走进寻常百姓的生活。

9.2 核心内涵

智慧医疗核心内涵

9.2.1 智慧医疗的概念

智慧医疗是一门新兴学科，也是一门交叉学科，融合了生命科学和信息技术。智慧医疗的关键技术是现代医学和通信技术的重要组成部分。智慧医疗通过打造以电子健康档案为中心的区域医疗信息平台，利用物联网相关技术，实现患者与医务人员、医疗机构、医疗设备之间的互动，逐步达到全面信息化（图9-1）。

图9-1 智慧医疗

目前，类似概念很多，诸如无线医疗、移动医疗、物联健康等说法，然而从以上概念的核心特征看均属于智慧医疗范畴。根据信息互动主体不同，智慧医疗的业务范围大体分为智慧医院服务、区域医疗交互服务、社区/家庭自助健康监护服务、智能远程急救服务。

（1）智慧医院服务

智慧医院服务主要指在医院内部展开的智能化业务，一方面有方便患者的智能化服务，如患者无线定位、患者智能输液、智能导医等；另一方面有方便医护人员的智能化服务，如防盗、视频监控、一卡通、无线巡更、手术示教、护理呼叫等。此外，医院之间的远程会诊也是智慧医疗业务的重要组成部分。

（2）区域医疗交互服务

区域医疗服务信息化是以用户为中心，将公共卫生、医疗服务、疾病控制甚至包括社区自助健康服务的内容相互联系起来。该信息化服务以健康档案信息的采集、存储为基础，自动产生、分发、推送工作任务清单，为区域内各类卫生机构开展医疗卫生服务活动提供支撑。

区域医疗服务平台是连接区域内的医疗卫生机构基本业务信息系统的数据交换和共享平台，是不同系统间进行信息整合的基础和载体。通过该平台，将实现以电子健康档案信息为中心的妇幼保健、疾控、医疗服务等各系统信息的协同和共享。

（3）自助健康监护服务

健康监护业务主要直接针对个人类或家庭类客户，主要实现方式为通过手机、家庭网关或专用的通信设备，将用户使用各种健康监护仪器采集到的体征信息实时（或准实时）传输至中心监护平台，同时可与专业医师团队进行互动、交流，获取专业健康指导。实现形式多种多样，还可结合区域医疗服务信息化平台，开展全民建档及电子健康档案信息更新；还可与应急指挥联动平台结合，根据定制化手机或定位网关提供一键呼、预报警等功能。

9.2.2 智慧医疗技术特征

智慧医疗需要新一代的生命科学技术和信息技术作为支撑，才能实现全面、透彻、精准、便捷的服务。智慧医疗在整个互联网、物联网体系中所涉及的感知层、网络层、平台层的各种关键技术，具有以下技术特征：

（1）技术范围广

① 智能感知类技术。

如射频标识（RFID）技术（图9-2）、定位技术、体征感知技术、视频识别技术等。智慧医疗中的相关数据主要是从医院和用户家中各系统传出信息的传感器获取的，实现被检测对象准确的数据采集、检测、识别、控制和定位。

图9-2 RFID技术

② 信息互通类技术。

如感知技术、电磁干扰技术、高能效传输技术等，是实现用户与医疗机构、服务机构之间健康信息网络协作的数字沟通渠道，为整个医疗系统海量信息的分析挖掘提供通道基础。

③ 信息处理技术。

如分布式计算技术、网络计算技术等，可完成对各类传感器原始测报或经过预处理的数据综合和分析，更高层次的信息融合实现对原始信息的特征提取，再进行综合分析和处理。

（2）技术需求个性化强

① 防干扰技术。

针对智慧医院场景环境复杂、多种终端共存、医用设备防干扰要求高等特点，医疗健康环境电磁防干扰技术要求是智慧医院场景下的重点要求，主要针对临床场景下多径环境下多个移动用户及射频干扰源对医疗设备的电磁干扰影响。

② 无线定位技术。

根据医院、家庭、野外环境下实时监护需求，提出三维空间的精确定位的要求。目前，有超声波定位技术、蓝牙技术、红外线技术、射频识别技术、超宽带技术、光跟踪定位技术，以及图像分析、信标定位、计算机视觉定位技术等，可实现医护人员、病人、医疗设备等目标移动条件下的精确定位。

③ 高效传输技术。

高效传输技术是充分利用不同信道的传输能力构成一个完整的传输系统，使信息得以可靠传输。针对医疗健康信息传输的需要，针对医学信号处理技术，研究能够有效压缩医疗传感器数据流、医疗影像数据的新的压缩算法；针对无线传感器网络的高能效传输技术研究，涵盖传感器网络分布式协作分集传输算法，从而提高传感器节点及整个无线传感器网络的能效。

9.2.3 智慧医疗发展优势

通过健全和完善"互联网+医疗健康"的智慧医疗服务和支撑体系，更加精准对接和满足群众多层次、多样化、个性化的健康需求，使人们享受到智慧医疗创新成果带来的健康红利，在看病就医时更省心、省时、省力、省钱。

（1）"智慧"化解"看病烦"与"就医繁"

借助于移动互联网等"互联网+"应用，医院通过不断拓展医疗服务的时间空间，提高医疗服务供给与需求的匹配度。以"挂号难"为例，很多医院不仅开发了自己的手机 App，还加入了卫生健康行政部门搭建的预约挂号平台，把医院号源放在一个号池里，患者通过互联网、手机、电话都可以进行挂号。另外，患者可以在线完成包括候诊、缴费、报告查阅等多个环节，不用多跑路，大大节省了时间和精力。针对老百姓实际需求，为患者提供在线常见病、慢性病处方，逐步实现患者在家复诊，使居民慢性病、老年性疾病可以在家护理、在家康复，极大提升了老百姓的医疗服务获得感。

（2）跨时空均衡配置医疗资源

将优质医疗资源和优秀医生智力资源送到老百姓家门口。通过"互联网+医疗健康"的方式，从某种程度上可以使资源更加合理配置，利用"互联网+"技术把医疗资源和医生智力资源配置到资源匮乏的地区，特别是一些偏远地区、中西部地区和农村地区，在一定程度上促进、改变资源不均衡的情况。例如，通过建立互联网医院，把大医院与基层医院、专科医院与全科医生连接起来，帮助老百姓在家门口及时享受优质的医疗服务。针对基层优质医疗资源不足的问题，通过搭建互联网信息平台，开展远程会诊、远程心电、远程影像诊断等服务，促进检查检验结果实时查阅、互认共享，促进优质医疗资源纵向流动，大幅提升基层医疗服务能力和效率。鼓励医疗联合体借助人工智能等技术，面向基层开展预约诊疗、双向转诊、远程医疗等服务，推动构建有序的分级诊疗格局，帮助缓解老百姓看病难问题。

（3）重塑大健康管理模式，实现"我的健康我能管"

在"互联网+"的助力下，健康管理正逐步迈向个性化、精确化。通过建立物联网数据采集平台，居民可通过智能手机、平板电脑、腕表等移动设备或相关应用，全面记录个人运动、生理数据。通过建立健康管理平台，依托网站、手机客户端等载体，家庭医生可随时与签约患者进行交流，为签约居民提供在线健康咨询、预约转诊、慢性病随访、延伸处方等服务，真正发挥家庭医生的健康"守门人"作用。借助"云、大、物、移"等先进技术，居民在家中就可通过网络完成健康咨询、寻找合适的医生，并在医生的辅助下更好地进行自我健康管理和康复。

9.3 应用案例

智慧医疗应用案例

随着医疗行业融入更多的人工智能,借助 5G 技术智能化,智慧医院正在走进寻常百姓生活(图 9-3)。目前定义的智慧医院主要包括三大领域:

图 9-3 智慧医院

① 面向医务人员的"智慧医疗",主要指以电子病历为核心的信息化建设,借助医院局域网使电子病历和影像、检验等其他系统实现互联互通。

② 面向患者的"智慧服务",主要指借助现有智能化设备让患者感受更加方便和快捷的就医体验,如医院挂号缴费一体机、自助报告打印机的应用,患者可通过手机预约挂号、预约诊疗和出院结算等。

③ 面向医院的"智慧管理",精细化的成本核算是医院精细化管理的重要依据,借助信息化管理系统,对医院进行高效管理。

智慧医院建设以数据为中心,构建通信网、互联网和物联网的基础网络。通过平台层建设结合丰富的终端和接入方式,实现医疗应用的可成长、可扩充,打造面向未来的智慧医院系统。医院物联网是智慧医院的核心,其实质是将各种信息传感设备,如 RFID 装置、红外感应器、定位系统、激光扫描器及医学传感器等各种装置与互联网结合起来形成的一个巨大网络,进而实现远程会诊、移动办公、移动查房及智能救护车等医院资源的智能化、信息共享与互联。

智慧医院中具体的应用包括:

(1)电子病历

现阶段电子病历正向结构化电子病历过渡,利用智慧医院平台,可为医院提供基于系统架构的功能完善、格式统一的电子病历系统,以实现高效的业务处理,全面的医疗数据采集、集成和综合利用。通过智慧医院平台将电子病历系统进行延伸,医生通过移动终端即可远程登录电子病历系统。

(2)远程会诊及探视

基于 5G 网络的远程会诊及探视系统,医生能随时随地诊断患者病情,家属也可随时随地探视患者情况(图 9-4)。

图 9-4 远程会诊

（3）移动云查房

借助智慧医院系统，医生可随时随地查房，避免紧急情况处理不及时的情况；可借助系统减少纸质申请、报告和病历的重复。通过移动终端，可克服桌面系统束缚，让医生回到患者身边，与患者临床检查治疗同步交流，减少患者心理负担。

（4）智能救护车

传统救护车接到患者后，车上仅能临时处理而无法精准诊断，常贻误病情而出现救助不及时的情况，智能救护车可借助智慧医院平台，对车载医疗仪器、设备进行数据采集和记录，并实时传回中心平台，可在移动中进行远程诊断。同时，可实时定位救护车位置，在救护车到达医院之前做好急救准备工作（图 9-5）。

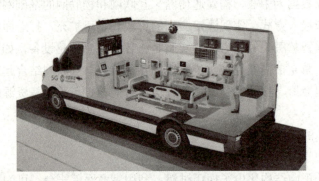

图 9-5 智能救护车

随着 5G 时代的到来，相信物联网技术在医疗领域的应用必将取得长足发展，实现智慧医院对人的精准化医疗和对物的智能化管理。智慧医院可极大地支持医院内部医疗信息、药品信息、人员信息、管理信息、设备信息的数字化采集、存储、处理乃至传输和共享等，实现医疗过程透明化、医疗流程科学化、医疗信息数字化以及服务沟通人性化，达到提升医护工作效率、增强患者服务体验和优化内部管理机制的目的。

9.4 基础技术

智慧医疗是 5G 技术在物联网的应用中的一个十分重要的场景。在 5G 网络下，诊所和治疗将突破原有的地域限制，医疗资源更加平均，健康管理和初步诊断将家居化，医生与患者可以实现更高效的分配和对接。5G 时代，传统医院将向健康管理中心转型。未来，随着 5G 技术的进一步商用、普及，在 5G 技术下的智慧医疗将得到更多的应用，医疗水平、医疗技术也可以得到进一步提高。

9.4.1 5G 技术发展背景与历程

移动通信延续着每 10 年一代技术的发展规律，已历经 1G、2G、3G、4G 的发展。每一次代际跃迁，每一次技术进步，都极大地促进了产业升级和经济社会发展。从 1G 到 2G，实现了模拟通信到数字通信的过渡，移动通信走进了千家万户；从 2G 到 3G、4G，实现了语音业务到数据业务的转变，传输速率成百倍提升，促进了移动互联网应用的普及和繁荣（图 9-6）。

图 9-6 通信技术发展历程

1G 即第一代移动通信系统，指最初的模拟、仅限语音的通信技术，只能打电话，不能上网。1G 是已经淘汰的以模拟技术为基础的蜂窝无线电话系统，由于技术限制，设计上因为使用模拟调制、FDMA（频分多址），其抗干扰性能差，频率复用度和系统容量都不高。同时，由于采用的是模拟技术，1G 系统的容量十分有限。此外，安全性和干扰也存在较大的问题。1G 系统的先天不足，使得它无法真正大规模普及和应用，价格更是非常昂贵，成为当时的一种奢侈品和财富的象征（图 9-7）。

图 9-7 1G 移动电话

2G 以数字语音传输技术为核心。由于模拟通信存在较差的安全性，从 2G 开始进入数字调制，相比于第一代移动通信，第二代移动通信具备高度保密性，系统的容量也在增加，同时从这一代开始，手机可以上网了，不过人们只能浏览一些文本信息。虽然第二代移动通信可以更有效率地连入互联网，然而 2G 技术的缺点也是很显著的：传输速率低、网络不稳定、维护成本高等。

随着人们对移动网络的需求不断加大，第三代移动通信网络必须在新的频谱上制定出新的标准，享用更高的数据传输速率。也就是 3G 相对 2G 主要是扩展了频谱，增加了频谱利用率，提升了速度，减低了延迟，更加利于互联网业务。

3G 的最大速度估计约为 2Mb/s，处于移动状态的车辆的最大的接入速度约为 384Kb/s，是 2G 的 140 倍。3G 时代，智能手机出现。2008 年苹果推出了支持 3G 网络的 iPhone 3G。人们可以在手机上直接浏览电脑网页、收发邮件、进行视频通话、收看直播等，人类正式步入移动多媒体时代。

4G 时代，是移动互联网的新时代。4G 时代最大特点：智能移动设备迅速普及，采用更加先进的通信协议的第四代移动通信，具备速度更快、通信灵活、智能性高、高质量通信和资费相对更低等特点，几乎能够满足所有用户对无线服务的要求。对于用户而言，相比 2G 和 3G，4G 网络在传输速度上有了非常大的提升，其理论速度是 3G 的 50 倍，实际体验也都在 10 倍左右，上网速度可以媲美 20Mb/s 家庭宽带，因此 4G 网络具备观看高清电影、召开视频会议和大数据传输等功能。但是 4G 技术也有缺点：覆盖范围有限，数据传输延迟等（图 9-8）。

图 9-8　4G 移动通信

当前，移动网络已融入社会生活的方方面面，深刻改变了人们的沟通、交流乃至整个生活方式。4G 网络造就了非常辉煌的互联网经济，解决了人与人随时随地通信的问题。随着移动互联网快速发展，新服务、新业务不断涌现，移动数据业务流量爆炸式增长，4G 移动通信系统难以满足未来移动数据流量暴涨的需求，5G 系统应运而生。

9.4.2 5G 关键技术与性能指标

5G 作为一种新型移动通信网络，不仅要解决人与人通信，为用户提供增强现实、虚拟现实、超高清视频等更加身临其境的极致业务体验，更要解决人与物、物与物通信问题，满足移动医疗、车联网、智能家居、工业控制、环境监测等物联网应用需求。最终，5G 将渗透到经济社会的各行业各领域，成为支撑经济社会数字化、网络化、智能化转型的关键新型基础设施。5G 技术具有以下四大特点：

① 毫米波。

5G 为进一步提高移动通信速度，采用极高频段进行通信，电磁波的特点是频率越高，波长则越短，因此 5G 的波长达到毫米级。

② 微基站。

波长越短，越容易受到干扰，因此 5G 的覆盖范围将严重受到影响。而微基站能够做到到处安装随处可见，而且微基站能够完美融入城市景观，不会使城市环境受到影响。

③ 波束赋形。

传统基站发射信号是向四周发射的，因此会有很多信号无人使用而浪费掉。波束赋形能使电磁波指向它所提供服务的设备，而且能够根据设备的移动而转变方向，这样每束光都能照亮一个人。

④ D2D（设备到设备）。

4G 手机通信，数据包要通过基站进行传播，不仅延时高，效率还低。而 5G 时代，手机之间直接传递数据，只需要"知会"基站一下就可以了，这样使传输效率大大提高。

其中，与 5G 无线网络特点密切相关的关键技术包括以下几项：

（1）超密集异构网络

5G 网络正朝着网络多元化、宽带化、综合化、智能化的方向发展。随着各种智能终端的普及，移动数据流量将呈现爆炸式增长。在 5G 网络中，减小小区半径，增加低功率节点数量，是保证 5G 网络支持 1 000 倍流量增长的核心技术之一。因此，超密集异构网络成为 5G 网络提高数据流量的关键技术。

5G 无线网络部署超过现有站点 10 倍以上的各种无线节点，在宏站覆盖区内，站点间距离保持 10 米以内，并且支持在每千米范围内为 25 000 个用户提供服务。同时也可能出现活跃用户数和站点数的比例达到 1:1 的现象，即用户与服务节点一一对应。密集部署的网络拉近了终端与节点间的距离，使得网络的功率和频谱效率大幅提高，同时也扩大了网络覆盖范围，扩展了系统容量，并且增强了业务在不同接入技术和各覆盖层次间的灵活性。

（2）自组织网络

传统移动通信网络中，主要依靠人工方式完成网络部署及运维，既耗费大量人力资源又增加运行成本，而且网络优化也不理想。在 5G 网络中，面临网络的部署、运营及维护的挑战，这主要是由于网络存在各种无线接入技术，且网络节点覆盖能力各不相同，它们之间的关系错综复杂。因此，自组织网络（Self-Organizing Network，SON）的智能化成为 5G 网络必不可少的一项关键技术。自组织网络技术解决的关键问题主要有两点：

① 网络部署阶段的自规划和自配置。

自规划的目的是动态进行网络规划并执行，同时满足系统的容量扩展、业务监测或优化结果等方面的需求。自配置即新增网络节点的配置可实现即插即用，具有低成本、安装简易等优点。

② 网络维护阶段的自优化和自愈合。

自优化的目的是减少业务工作量，达到提升网络质量及性能的效果。自愈合是指系统能自动检测问题、定位问题和排除故障，大大减少维护成本并避免对网络质量和用户体验的影响。

目前，主要有集中式、分布式以及混合式三种自组织网络架构。其中，基于网管系统实现的集中式架构具有控制范围广、冲突小等优点，但也存在着运行速度慢、算法复杂度高等方面的不足；而分布式与之相反，效率和响应速度高，网络扩展性较好，对系统依赖性小，缺点是协调困难；混合式结合前两者的优点，缺点是设计复杂。

（3）内容分发网络

在 5G 中，面向大规模用户的音频、视频、图像等业务急剧增长，网络流量的爆炸式增长会极大地影响用户访问互联网的服务质量。如何有效地分发大流量的业务内容，降低用户获取信息的时延，成为网络运营商和内容提供商面临的一大难题。仅仅依靠增加带宽并不能解决问题，它还受到传输中路由阻塞和延迟、网站服务器的处理能力等因素的影响，这些问题的出现与用户服务器之间的距离有密切关系。

内容分发网络（Content Distribution Network，CDN）是在传统网络中添加的新的层次，即智能虚拟网络。CDN 系统综合考虑各节点连接状态、负载情况以及用户距离等信息，通过将相关内容分发至靠近用户的 CDN 代理服务器上，实现用户就近获取所需的信息，使得网络拥塞状况得以缓解，降低响应时间，提高响应速度。

当用户对所需内容发送请求时，如果源服务器之前接收到相同内容的请求，则该请求被 DNS 重新定向到离用户最近的 CDN 代理服务器上，由该代理服务器发送相应内容给用户。因此，源服务器只需要将内容发给各个代理服务器，便于用户从就近的带宽充足的代理服务器上获取内容，降低网络时延并提高用户体验。随着云计算、移动互联网及动态网络内容技术的推进，内容分发技术逐步趋向于专业化、定制化，在内容路由、管理、推送以及安全性方面都面临新的挑战。

（4）D2D 通信

在 5G 网络中，网络容量、频谱效率需要进一步提升，更丰富的通信模式以及更好的终端用户体验也是 5G 的演进方向。设备到设备通信（Device-to-Device Communication，D2D）具有潜在的提升系统性能、增强用户体验、减轻基站压力、提高频谱利用率的前景。因此，D2D 是 5G 网络中的关键技术之一。

D2D 通信是一种基于蜂窝系统的近距离数据直接传输技术。D2D 会话的数据直接在终端之间进行传输，不需要通过基站转发，而相关的控制信令，如会话的建立、维持、无线资源分配，以及计费、鉴权、识别、移动性管理等仍由蜂窝网络负责。蜂窝网络引入 D2D 通信，可以减轻基站负担，降低端到端的传输时延，提升频谱效率，降低终端发射功率。当无线通信基础设施损坏，或者在无线网络的覆盖盲区，终端可借助 D2D 实现端到端通信甚至接入蜂窝网络。

5G 网络在引入 D2D 通信带来好处的同时，也面临一些挑战。当终端用户间的距离不足以维持近距离通信或者满足 D2D 通信条件时，如何进行 D2D 通信模式和蜂窝通信模式的最优选择以及通信模式的切换都需要思考解决。

（5）信息中心网络

随着实时音频、高清视频等服务的日益激增，基于位置通信的传统 TCP/IP 网络无法满足海量数据流量分发的要求，网络呈现出以信息为中心的发展趋势。

信息中心网络（Information-Centric Network，ICN）所指的信息包括实时媒体流、网页服务、多媒体通信等，而信息中心网络就是这些片段信息的总集合。因此，ICN 的主要概念是信息的分发、查找和传递，不再是维护目标主机的可连通性。不同于传统的以主机地址为中心的 TCP/IP 网络体系结构，ICN 采用的是以信息为中心的网络通信模型，忽略 IP 地址的作用，甚至只是将其作为一种传输标识。全新的网络协议栈能够实现网络层解析信息名称、路由缓存信息数据、多播传递信息等功能，从而较好地解决计算机网络中存在的扩展性、实时性以及动态性等问题。

尽管 ICN 可以解决现有 IP 网络的固有问题，但在扩展性、数据移动性及大范围部署等方面存在不足，其中最为突出的是部署性问题。由于现有 IP 网络拥有广泛的覆盖范围，且成功地运营了几十年，ICN 的提出无疑是对 IP 网络的挑战。因此，5G 网络更加注重 ICN 与 IP 网络的结合，使得 ICN 的发展更加实用。

（6）移动云计算

近年来，智能手机、平板电脑等移动设备的软硬件水平得到了极大提高，支持大量的应用和服务，为用户带来了很大的便利。在 5G 时代，全球将会出现 500 亿连接的万物互联服务，人们对智能终端的计算能力以及服务质量的要求越来越高。移动云计算成为 5G 网络创新服务的关键技术之一。

移动云计算是一种全新的 IT 资源或信息服务的交付与使用模式，它是在移动互联网中引入云计算的产物。移动网络中的移动智能终端以按需、易扩展的方式连接到远端的服务提供商，获得所需资源，主要包含基础设施、平台、计算存储能力和应用资源等。

在移动云计算中，移动设备需要处理的复杂计算和数据存储从移动设备迁移到云中，降低了移动设备的能源消耗并弥补了本地资源不足的缺点。此外，由于云中的数据和应用程序存储和备份在一组分布式计算机上，降低了数据和应用发生丢失的概率，移动云计算还可以为移动用户提供远程的安全服务，支持移动用户无缝地利用云服务而不会产生延迟、抖动。

（7）情境感知技术

随着海量设备的增长，5G 网络不仅承载人与人之间的通信，而且还要承载人与物之间以及物与物之间的通信，既可支撑大量终端，又可使个性化、定制化的应用成为常态。情境感知技术能够让 5G 网络主动、智能、及时地向用户推送所需的信息。

情境感知技术是一个信息系统，采用传感器或无线通信等相关技术，使计算机设备、PDA、智能手机等设备具备感知当前情境的能力，并通过这些设备分析和确定可获得的情境信息，如用户当前位置、时间、附近的人和设备以及用户行为，主动为用户提供可靠的、合适的服务。情境感知技术使移动互联网主动、智能、及时地把最相关的信息推送给用户,而不是由用户主动向移动互联网发起信息请求,然后由用户在信息的"海洋"中苦苦地选择自己感兴趣的内容。情境感知技术使得 5G 可以在网络约束以及运营商策略的框架之内智能地响应业务应用的相关需求,完成"网络适应业务"。

在以上关键技术的支撑下,5G 满足以下性能指标:
① 峰值速率达到 10~20 Gbit/s,满足高清视频、虚拟现实等大数据量传输。
② 空中接口时延低至 1 毫秒,满足自动驾驶、远程医疗等实时应用。
③ 具备百万连接/平方千米的设备连接能力,满足物联网通信。
④ 频谱效率要比 LTE 提升 3 倍以上。
⑤ 连续广域覆盖和高移动性下,用户体验速率达到 100 Mbit/s。
⑥ 流量密度达到 10 Mbps/m^2 以上。
⑦ 移动性支持 500 km/h 的高速移动。

9.4.3 5G 技术应用领域

(1)工业领域

5G 在工业领域的应用涵盖研发设计、生产制造、运营管理及产品服务四个大的工业环节,主要包括 16 类应用场景,分别为:AR/VR 研发实验协同、AR/VR 远程协同设计、远程控制、AR 辅助装配、机器视觉、AGV 物流、自动驾驶、超高清视频、设备感知、物料信息采集、环境信息采集、AR 产品需求导入、远程售后、产品状态监测、设备预测性维护、AR/VR 远程培训。当前,机器视觉、AGV 物流、超高清视频等场景已取得了规模化复制的效果,实现"机器换人",大幅降低人工成本,有效提高产品检测准确率,达到了生产效率提升的目的。未来远程控制、设备预测性维护等场景预计将会产生较高的商业价值,5G 在工业领域丰富的融合应用场景将为工业体系变革带来极大潜力,赋能工业智能化发展。5G 网络下的虚拟工厂如图 9-9 所示。

图 9-9 5G 网络下的虚拟工厂

(2)车联网与自动驾驶

5G 车联网助力汽车、交通应用服务的智能化升级。5G 网络的大带宽、低时延等特性,支持实现车载 VR 视频通话、实景导航等实时业务。借助于车联网 C-V2X（包含直连通信和 5G 网络通信）的低时延、高可靠和广播传输特性，车辆可实时对外广播自身定位、运行状态等基本安全消息，交通灯或电子标志标识等可广播交通管理与指示信息，支持实现路口碰撞预警、红绿灯诱导通行等应用，显著提升车辆行驶安全和出行效率，后续还将支持实现更高等级、复杂场景的自动驾驶服务，如远程遥控驾驶、车辆编队行驶等。5G 网络可支持港口岸桥区的自动远程控制、装卸区的自动码货以及港区的车辆无人驾驶应用，显著降低自动导引运输车控制信号的时延以保障无线通信质量与作业可靠性，可使智能理货数据传输系统实现全天候全流程的实时在线监控。

（3）能源领域

在电力领域，能源电力生产包括发电、输电、变电、配电、用电五个环节，目前 5G 在电力领域的应用主要面向输电、变电、配电、用电四个环节开展，应用场景主要涵盖了采集监控类业务及实时控制类业务，包括输电线无人机巡检、变电站机器人巡检、电能质量监测、配电自动化、配网差动保护、分布式能源控制、高级计量、精准负荷控制、电力充电桩等。当前，基于 5G 大带宽特性的移动巡检业务较为成熟，可实现应用复制推广，通过无人机巡检、机器人巡检等新型运维业务的应用，促进监控、作业、安防向智能化、可视化、高清化升级，大幅提升输电线路与变电站的巡检效率；配网差动保护、配电自动化等控制类业务现处于探索验证阶段，未来随着网络安全架构、终端模组等问题的逐渐成熟，控制类业务将会进入高速发展期，提升配电环节故障定位精准度和处理效率。

在煤矿领域，5G 应用涉及井下生产与安全保障两大部分，应用场景主要包括作业场所视频监控、环境信息采集、设备数据传输、移动巡检、作业设备远程控制等。当前，煤矿利用 5G 技术实现地面操作中心对井下综采面采煤机、液压支架、掘进机等设备的远程控制，大幅减少了原有线缆维护量及井下作业人员；在井下机电硐室等场景部署 5G 智能巡检机器人，实现机电硐室自动巡检，极大提高检修效率；在井下关键场所部署 5G 超高清摄像头，实现环境与人员的精准实时管控。煤矿利用 5G 技术的智能化改造能够有效减少井下作业人员，降低井下事故发生率，遏制重特大事故，实现煤矿的安全生产。当前取得的应用实践经验已逐步开始规模推广。

（4）医疗领域

5G 通过赋能现有智慧医疗服务体系，提升远程医疗、应急救护等服务能力和管理效率，并催生 5G+远程超声检查、重症监护等新型应用场景。

5G+超高清远程会诊、远程影像诊断、移动医护等应用，在现有智慧医疗服务体系上，叠加 5G 网络能力，极大提升远程会诊、医学影像、电子病历等数据传输速度和服务保障能力。在抗击新冠肺炎疫情期间，解放军总医院联合相关单位快速搭建 5G 远程医疗系统，提供远程超高清视频多学科会诊、远程阅片、床旁远程会诊、远程查房等应用，支援湖北新冠肺炎危重症患者救治，有效缓解抗疫一线医疗资源紧缺问题。

5G+应急救护等应用，在急救人员、救护车、应急指挥中心、医院之间快速构建 5G 应急救援网络，在救护车接到患者的第一时间，将病患体征数据、病情图像、急症病情记录等以毫秒级速度、无损实时传输到医院，帮助院内医生做出正确指导并提前制定抢救方案，实现患者"上车即入院"的愿景。

5G+远程手术、重症监护等治疗类应用，由于其容错率极低，并涉及医疗质量、患者安全、社会伦理等复杂问题，其技术应用的安全性、可靠性需进一步研究和验证，预计短期内难以在医疗领域实际应用。

（5）文旅领域

5G 在文旅领域的创新应用将助力文化和旅游行业步入数字化转型的快车道。5G 智慧文旅应用场景主要包括景区管理、游客服务、文博展览、线上演播等环节。5G 智慧景区可实现景区实时监控、安防巡检和应急救援，同时可提供 VR 直播观景、沉浸式导览及 AI 智慧游记等创新体验，大幅提升了景区管理和服务水平，解决了景区同质化发展等痛点问题；5G 智慧文博可支持文物全息展示、5G+VR 文物修复、沉浸式教学等应用，赋能文物数字化发展，深刻阐释文物的多元价值，推动人才团队建设；5G 云演播融合 4K/8K、VR/AR 等技术，实现传统曲目线上线下高清直播，支持多屏多角度沉浸式观赏体验，5G 云演播打破了传统艺术演艺方式，让传统演艺产业焕发了新生。

习题 9

9-1 传统医疗行业存在的弊端有哪些？
9-2 什么是智慧医院？有哪些特征？
9-3 通信技术的发展经历哪几个阶段？各自的代表特征是什么？
9-4 5G 技术的关键指标有哪些？
9-5 5G 技术主要应用领域有哪些？

单元 10 智慧教育

10.1 背景引入

自 20 世纪 90 年代末开始，随着网络技术的迅速普及，整个社会的发展与信息技术的关系越来越密切，人们越来越关注信息技术对社会发展的影响，"社会信息化"的提法开始出现。

教育作为人类精神领域培养和提高的重要手段，也是人类一直以来孜孜追求的。如今，我们拥有了越来越丰富的教育资源，开发运用了越来越多的数字技术。数字教育是信息化环境开展的基于各种数字技术的新型教育形态，但是归根结底这些数字技术只能是一种手段，而智慧教育则需要更利于人格发展的教育理念、更公平完善的教育制度以及更优质的教育资源作为支撑。

智慧教育背景

智慧教育是以数字化信息和网络为基础，在计算机和网络技术上建立起来的对教学、科研、管理、技术服务、生活服务等校园信息的收集、处理、整合、存储、传输和应用，使数字资源得到充分优化利用的一种虚拟教育环境。通过实现从环境（包括设备、教室等）、资源（如图书、讲义、课件等）到应用（包括教、学、管理、服务、办公等）的全部数字化，在传统校园基础上构建一个数字空间，以拓展现实教育的时间和空间维度，提升传统教育的管理、运行效率，扩展传统校园的业务功能，最终实现教育过程的全面信息化，从而达到提高管理水平、提升就业率的目的。

因此，智慧教育是数字教育的进一步发展，严格意义上来说也属于数字教育的范畴，是数字教育的高级发展阶段。二者的关系不是非此即彼、互相替代，智慧教育是整合物联网、云计算、大数据、移动通信、增强现实等先进信息技术的增强型数字教育（Enhanced e-Education）。智慧教育在发展目标、技术作用、应用的核心技术、建设模式、学习资源、学习方式、教学方式、科研方式、管理模式、评价指导思想等方面与传统数字教育表现出诸多的不同，总体呈现智能化、融合化、泛在化、个性化与开放协同的特征与发展趋势。

自 2010 年起，我国一些城市相继出台了智慧教育的发展规划，构建的是以政府、学校、企业三方共同参与的现代教育信息化服务体系。例如上海的智慧教育规划，就提出了紧抓两条主线：一条是教育信息化基础设施的建设，另一条是智慧教育应用的研发。这两条线路其实是当前国内智慧教育普遍在做的工作，教育信息化基础设施的建设大部分由政府主导，并且以学校为主要实施场所；而智慧教育应用的开发除了政府主导外，更有一些互联网企业参与，很大程度上已经逐渐实现了教育资源共建共享的美好初衷。

当今时代，科技发展日新月异，以互联网、大数据、人工智能为代表的现代信息技术深刻改变着人类学习、生产和生活的同时，对教育的革命性影响也日益凸显。智慧教育从理念的普及到实际的操作践行是一个漫长的过程，学习环境、教学模式以及教育系统治理在从传统向智能转变的过程中面临着机遇与挑战。但是政府、学校、家长、企业都应该为这份神圣的事业倾注尽可能多的心血和热情，帮助学生建立健全健康的人格，引导学生去勇敢追求他们自己的梦想和信念。

10.2 核心内涵

10.2.1 智慧教育的概念

智慧教育即教育信息化，是指在教育领域（教育管理、教育教学和教育科研）全面深入地运用现代信息技术来促进教育改革与发展的过程。其技术特点是数字化、网络化、智能化和多媒体化，基本特征是开放、共享、交互、协作。以教育信息化促进教育现代化，用信息技术改变传统模式。

教育信息化有两层含义：一是把提高信息素养纳入教育目标，培养适应信息社会的人才；二是把信息技术手段有效应用于教学与科研，注重教育信息资源的开发和利用。教育信息化的核心内容是教学信息化。教学是教育领域的中心工作，教学信息化就是要使教学手段科技化、教育传播信息化、教学方式现代化。教育信息化，要求在教育过程中较全面地运用以计算机、多媒体和网络通信为基础的现代信息技术，促进教育改革，从而适应正在到来的信息化社会提出的新要求，对深化教育改革、实施素质教育，具有重大的意义。

教育信息化的发展，带来了教育形式和学习方式的重大变革，促进教育改革，对传统的教育思想、观念、模式、内容和方法产生了巨大冲击。教育信息化是国家信息化的重要组成部分，对于转变教育思想和观念、深化教育改革、提高教育质量和效益、培养创新人才具有深远意义，是实现教育跨越式发展的必然选择。

智慧教育是依托物联网、云计算、无线通信等新一代信息技术所打造的物联化、智能化、感知化、泛在化的教育信息生态系统，是数字教育的高级发展阶段，旨在提升现有数字教育系统的智慧化水平，实现信息技术与教育主流业务的深度融合（智慧教学、智慧管理、智慧评价、智慧科研和智慧服务），促进教育利益相关者（学生、教师、家长、管理者、社会公众等）的智慧养成与可持续发展。

智慧教育是一个宏大的系统，包括智慧环境、智慧教学、智慧学习、智慧管理、智慧科研、智慧评价、智慧服务等核心要素。创新应用科技提升教育智慧，打造和谐、可持续发展的教育信息生态系统，培养大批智慧型人才，是信息时代智慧教育的终极目标。

10.2.2 智慧教育的特点

从技术属性看,智慧教育的基本特征是数字化、网络化、智能化和多媒化。数字化使得教育信息技术系统的设备简单、性能可靠和标准统一,网络化使得信息资源可共享、活动时空少限制、人际合作易实现,智能化使得系统能够做到教学行为人性化、人机通信自然化、繁杂任务代理化,多媒化使得信媒设备一体化、信息表征多元化、复杂现象虚拟化。

从教育属性看,教育信息化的基本特征是开放性、共享性、交互性与协作性。开放性打破了以学校教育为中心的教育体系,使得教育社会化、终生化、自主化;共享性是信息化的本质特征,它使得大量丰富的教育资源能为全体学习者共享,且取之不尽、用之不竭;交互性能实现人、机之间的双向沟通和人、人之间的远距离交互学习,促进教师与学生、学生与学生、学生与其他人之间的多向交流;协作性为教育者提供了更多的人-人、人-机协作完成任务的机会。

智慧教育从根本上改变了传统的教学模式,它至少有四大特征:

(1)信息传递优势

现代经济学认为,获取信息是克服人类"无知"的唯一途径。信息搜寻要花费代价(即交易费用),其中,信息传递成本占据了相当的份额。传统教学采用"师傅带徒弟"式的完全面接方法,花费了大量的人力物力,也是一种社会资源浪费。网络教学高速度的信息传递功能,无疑地大大节约了全社会的信息传导成本。

(2)信息质量优势

随着"远程教育"工程的实施,学生可以共享优秀教育资源和高质量的教学信息。不可否认的是,作为知识传导者的教师,水平也参差不齐,接受者获得的信息质量也就大有差异。远程教学由最优秀的教师制作课件,可以有效保证所传输的信息质量。

(3)信息成本优势

包括接受教育在内的权利平等是人类共同追求的目标之一。但是,由于人们现实的经济环境和经济条件差异,无论政府还是民间团体和个人如何努力,仍有相当多的青少年和成人难圆"大学梦"或"继续教育梦"。远程教育学生可在学点或家中利用在线网上教学平台,按照相关专业的教学安排,根据自身的学习特点和工作、生活环境,进行"到课不到堂"的自主学习。远程教育的低成本运行费用,带来了新的教育市场变化,大大增加了满足更多的学生,尤其是贫困学生,以及因谋生而不得闲暇的成人们圆梦的机会。

(4)信息交流优势

教学方式现代化改变传统的以老师为主的单向教学方式,形成以学生为主体,老师为主导的双主教学方式。教育信息化利用信息技术改变传统的教学模式,实行交互式教学,学生可以通过网上教学平台随时点播和下载网上教学资源,利用网上交互功能与教师或其他学生进行交流,通过双向视频等系统共享优秀教师的远程讲授及辅导,充分利用网络的互动优势开展学习活动。这样,每一个学生都能自由地发挥创造力和想象力,进而成长为具有探索求新能力的新型人才。

10.2.3 智慧教育发展趋势

互联网、云计算、物联网等技术的快速发展,给高校教育的信息化建设带来了深刻的影响,学校信息化进入一个"跨越式"发展的阶段。在高校的正规教育里,信息化使以教师为中心、面对面、"黑板+粉笔"为主导的传统教学模式受到很大的冲击。

首先,信息技术进入传统的课堂,多媒体、网络等新技术手段取代了"黑板+粉笔",使课堂教学更加生动、更加有效。除此之外,信息化还带来大量网络数字教学的新模式,这些新的教学模式与传统的模式相比,不仅形式新颖,还引进许多新的教学理念,如强调以学生为中心,更加注重发挥学生的主动性等个性化的教育方式。信息化从各个方面影响了高校的教育,无论从内容和形式上都起了巨大的变化,教育信息化建设已经开始逐渐紧密围绕"智慧"的理念,打造信息时代的"智慧校园"。通过基于智慧校园的教育信息化建设,可以提高学校的信息服务和应用的质量与水平,建立一个开放、协作、智能的信息服务平台。

教育行业的信息化不仅承载了教育行业自身的需求,还承载了整个社会进步对教育资源高效利用的深层次需求。因此,其整体的信息化需求一直保持在较高水平。具体到教育行业用户在数据中心的建设中,用户对先进性的、性能突出并易于管理维护的基础设施解决方案有着较为明确的需求。众所周知,无论是云计算、物联网,抑或是教育信息化建设,其中网络基础设施应用始终都是重中之重,再好的架构如果没有可靠的基础设施作为支撑,不仅难以取得预期的效果,甚至有可能事倍功半。此外,教育信息化建设中不断扩大的系统应用、不断增加的 IT 负载,也带来了系统复杂性以及对基础设施可用性要求的提升。

① 无论从硬件系统、软件系统,还是从教育资源方面来看,都要从重视教,重视管理转到重视学生学。以前我们搞的教育信息管理系统或教育资源库,软件建设都大量集中在支持老师管理、支持老师教学,逐步要支持学生学习,从教师教到学生学,这是我们教育界的普遍规律。

② 要从信息技术向教育回归。教育信息化的产业价值链还要逐步上移,而不应该只停留在倒金字塔的形式。

③ 要以硬件建设为主向以应用建设为主方面发展。

④ 教育信息系统、教育软件智能化程度要逐步提升。带有一些决策支持,带有一些推断、推理、知识重构的智能性辅助决策系统可能会进一步提升。

10.3 应用案例

(1) 智慧课堂

智慧课堂是指以建构主义等学习理论为指导,以促进学生核心素养发展为宗旨,利用物联网、云计算、大数据、人工智能等智能信息技术打造智能、高效的课堂;通过构建"云—台—端"整体架构,创设网络化、数据化、交互化、智能化学习环境,支持线上线下一体化、课内课外一体化、虚拟现实一体化的全场景教学应用；推动学科智慧教学模式创新，真正实现个性化学习和因材施教，促进学习者转识为智、智慧发展（图10-1）。

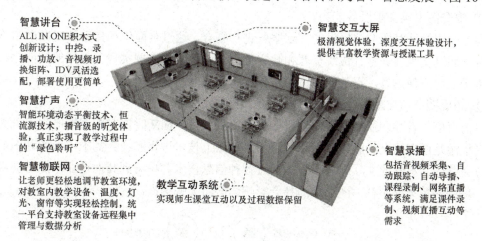

图 10-1 智慧课堂

（2）双师课堂

双师课堂是以"互联网+"的思维方式，基于新一代的信息技术，围绕教育均衡和师生运用的实际需求，实现课堂教学内容传递、实时互动、优质资源共享等远程课堂教学场景。

（3）大数据精准教学系统

大数据精准教学系统深度挖掘数据价值，帮助学校提升"备教改辅研管"的精准性与学生学习的有效性；借助大数据与人工智能技术实现基于学生常态化学情的精准诊断分析和优质资源推荐，提升教学效率与传统课堂教学容量。

（4）个性化学习手册

个性化学习作为智慧教育的核心要素，如何通过技术更好地支持和促进个性化学习的开展，已经成为智慧教育研究领域的诉求。个性化学习手册，纸质作业新革命，是基于校内日常学业数据分析，不改变纸质习惯，通过大数据精准分析学生薄弱知识点，为每位学生定制的一套专属个性化学习方案。在错题整理的基础上为每位学生推荐个性化优质学习资源，实现错题举一反三，学生及时巩固，学习问题周周清，促进学生更高效地掌握知识、提升成绩，帮助学校分层教学，全面提高教学效率。

（5）智慧图书馆

智慧图书馆是指把智能技术运用到图书馆建设中而形成的一种智能化建筑，是智能建筑与高度自动化管理的数字图书馆的有机结合和创新。智慧图书馆是一个不受空间限制的、但同时能够被切实感知的一种概念。有人曾经说过，智慧图书馆将通过物联网实现智慧化的服务和管理，其实还包括云计算、智慧化的一些设备，通过这些来改造我们传统意义上的图书馆（图10-2）。

① 利用智慧图书馆实施流程化管理和精细化管理。

随着数字图书馆的建设和发展，图书馆在技术手段上发生了重要变化，而互联网的广泛应用,也让用户需求发生了重要变化,在这样的背景下,通过智慧图书馆实现工作流程再造成为必然,从而实现对业务流程的重新梳理、精简和优化。

② 提升图书馆文献服务能力。

通过知识社区对图书馆提供的文献服务进行整合,通过全面信息化系统对图书馆管理进行整合,通过文献搜索整合传统资源和数字资源,通过数据挖掘实现各系统的智能化、个性化,将极大地方便读者,提升图书馆的整体文献服务能力和水平。

③ 拓展图书馆文献服务范围,提高图书馆社会影响力。

目前百度、谷歌和亚马逊等信息服务的互联网公司,在新时期对图书馆产生了巨大的压力,其根源是图书馆文献服务能力和范围还没能跟上技术进步和社会需求,而智慧图书馆可以通过完善的、科学的文献服务构建,通过各种信息技术,拓展到其他行业中随时提供文献服务,使图书馆无处不在,图书馆的社会影响力必将大幅提高。

图 10-2 智慧图书馆

10.4 基础技术

智慧教育应用-技术基础

10.4.1 机器学习

教育人工智能,其核心目标是"通过计算获得精准和明确的教育、心理和社会知识形式,这些知识往往是隐式的"。知识以学习者模型、领域知识模型和教学模型等形式呈现,算法是获得这些知识的核心技术。目前,已有大量教育人工智能系统被应用于学校,这些系统整合了教育人工智能和教育数据挖掘(Educational Data Mining,EDM)技术(如机器学习算法)来跟踪学生行为数据,预测其学习表现以支持个性化学习。由此可见,收集和整合大量的、不同源的数据支持实现个性化学习是必然趋势,而人工智能技术的应用将是实现这些数据价值最大化的关键。机器学习作为人工智能领域最核心、最热门的技术,能够基于大量数据的自动识别模式、发现规则，预测学生学习表现，为满足智慧教育和个性化学习的需求提供了可能。目前，国内外尚未有研究对机器学习的教育应用进行系统梳理。为此，我们试图通过全方位地梳理机器学习教育应用的发展现状、潜力和进展、面临的挑战等，为研究者和教育者开展智慧教育和个性化学习提供一定的理论和实践依据。

（1）机器学习的定义

学习是人类的一种重要的智能行为。如果没有学习能力，那么人类社会就不可能在数万年之内发展出如此辉煌的文明。目前，在人工智能领域，人们普遍接受"学习就是系统在不断重复的工作中对本身能力的增强或者改进，使得系统在下一次执行同样任务或类似任务时会比现在做得更好或效率更高"。总而言之，学习是一种过程，这个过程可能很快，也可能很慢，学习过程有两种表现形式，即知识获取和技能求精。

机器学习就是通过对人类学习过程和特点的研究，建立学习理论和方法，并应用于机器，以改进机器的行为和性能，提高机器解决问题的能力。通俗地说，机器学习就是研究如何用机器来模拟人类的学习活动，以使机器能够更好地帮助人类。

（2）机器学习的一般步骤

机器学习的系统模型如图10-3所示，它是一个有反馈的系统，图中箭头表示信息流向。"环境"是指外部信息的来源，为系统的学习提供相关信息；"学习"代表系统的学习机构，从环境中获取外部信息，然后经过分析、综合、类比、归纳等思维过程获得新知识或改进知识库；"知识库"代表系统已经具有的知识和通过学习获得的知识；"执行"环节是基于学习后得到的新"知识库"，它执行一系列任务，同时把执行结果信息反馈给学习环节，以完成对新"知识库"的评价，指导进一步的学习工作。

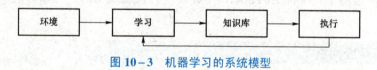

图10-3　机器学习的系统模型

机器学习的系统模型中，影响机器学习系统设计最重要的因素是环境向系统提供的信息，即信息的质量，这些信息主要通过训练数据体现。

知识库里存放的是指导执行动作的一般原则，环境向学习系统提供的信息却是各种各样的，如果信息质量比较高，与知识库中一般原则的差别比较小，则学习部分比较容易处理，如果向学习系统提供的是杂乱无章的指导执行具体动作的具体信息，则需要学习系统在获得足够数据之后，删除不必要的细节进行总结推广，形成指导动作的一般原则，从而放到知识库。

（3）机器学习的过程

机器学习是数据通过算法构建出模型并对模型进行评估，评估的性能如果达到要求就拿这个模型来测试其他的数据，如果达不到要求就调整算法来重新建立模型，再次进行评估，如此循环往复，最终获得满意的经验来处理其他的数据。机器学习最大的特点是利用数据而不是指令来进行各种工作，其学习过程主要包括数据的特征提取、数据预处理、训练模型、测试模型、模型评估改进等几部分（图10-4）。

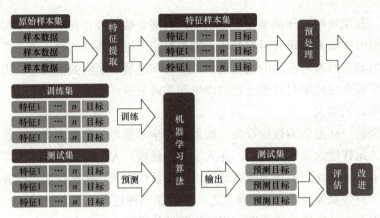

图 10-4 机器学习的过程

（4）机器学习方法的分类

机器学习的研究方法种类繁多，并且机器学习正处于高速发展时期，各种新思想不断涌现，因此对所有机器学习方法进行全面系统的分类有些困难，目前比较流行的机器学习方法分类主要有：

① 按有无指导来分，可以分为有监督学习、无监督学习和强化学习。

② 按学习方法来分，主要有机械式学习、指导式学习、范例学习、类比学习和解释学习。

③ 按推理策略来分，主要有演绎学习、归纳学习、类比学习和解释学习。

不同的分类方法只是从某个侧面来划分系统。无论哪种类别，每个机器学习系统都包含一种学习策略，适用于一个特定的领域，不存在一种普遍适用的、可以解决任何问题的学习方法。

10.4.2 人工神经网络

人工神经网络（Artificial Neural Network），简称为神经网络（Neural Network），就是以联结主义研究人工智能的方法，以对人脑和自然神经网络的生理研究成果为基础，抽象和模拟人脑的某些机理、机制，实现某方面的功能。国际著名神经网络研究专家 Hecht Nielsen 对人工神经网络的定义是："人工神经网络是由人工建立的以有向图为拓扑结构的动态系统，它通过对连续或断续的输入做动态响应而进行信息处理。"

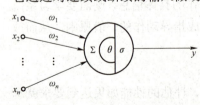

图 10-5 人工神经元模型

人工神经网络是人工智能研究的主要途径之一，也是机器学习中非常重要的一种学习法。人工神经网络可以不依赖数字计算机模拟，用独立电路实现，极有可能产生一种新的智能系统体系结构。人工神经元模型如图 10-5 所示。

图中，x_i（$i=1,2,\cdots,n$）为加于输入端（突触）上的输入信号；ω_i 为相应的突触连接权系数，它是模拟突触传递强度的一个比例系数，Σ 表示突触后信号的空间累加；θ 表示神经元的阈值，σ 表示神经元的响应函数。该模型的数学表达式为：

$$s = \sum_{i=1}^{n} \omega_i x_i - \theta$$
$$y = \sigma(s)$$

（1）与生物神经元的区别

① 生物神经元传递的信息是脉冲，而上述模型传递的信息是模拟电压。

② 由于在上述模型中用一个等效的模拟电压来模拟生物神经元的脉冲密度，所以在模型中只有空间累加而没有时间累加（可以认为时间累加已隐含在等效的模拟电压之中）。

③ 上述模型未考虑时延、不应期和疲劳等。

（2）人工神经网络的构成

单个神经元的功能是很有限的，人工神经网络只有用许多神经元按一定规则连接构成的神经网络才具有强大的功能。神经元的模型确定之后，一个神经网络的特性及能力主要取决于网络的拓扑结构及学习方法。

① 前向网络。

前向网络的结构如图 10-6 所示。网络中的神经元是分层排列的，每个神经元只与前一层的神经元相连接。最右一层为输出层，隐含层的层数可以是一层或多层。前向网络在神经网络中应用很广泛，例如感知器就属于这种类型。

② 反馈前向网络。

网络的本身是前向型的，与前一种不同的是从输出到输入有反馈回路（图 10-7）。

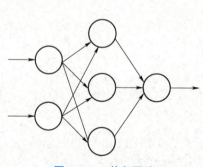

图 10-6 前向网络

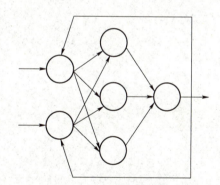

图 10-7 反馈前向网络

③ 内层互连前馈网络。

通过层内神经元之间的相互连接，可以实现同一层神经元之间横向抑制或兴奋的机制，从而限制层内能同时动作的神经数，或者把层内神经元分为若干组，让每组作为一个整体来动作。一些自组织竞争型神经网络就属于这种类型（图 10-8）。

（3）应用神经网络求解问题的一般过程

① 确定信息表达方式。

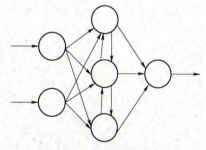

图 10-8 内层互连前馈网络

a. 数据样本已知且数据样本之间相互关系不确定；
b. 输入数据按照模式进行分类；
c. 数据样本的预处理；
d. 将数据样本分为训练样本和测试样本。
② 确定网络模型。
a. 选择模型的类型和结构，也可对原网络进行变形和扩充；
b. 确定输入输出的神经元数目；
c. 选择合理的训练算法，确定合适的训练步数，指定适当的训练目标误差。

习题 10

10-1 智慧教育与传统教育的主要区别体现在哪些方面？
10-2 线上教育有哪些优势？存在哪些问题？
10-3 智慧课堂具备哪些关键特征？
10-4 机器学习的定义是什么？
10-5 机器学习能够解决哪些人工智能问题？

单元 11 智慧娱乐

11.1 背景引入

娱乐是人追求快乐、缓解生存压力的一种天性。特别是在节奏越来越快的当今社会，适时的娱乐可以提高人的满足感，为后续的生活和工作提供动力。娱乐存在的意义非常巨大，我们每个人都离不开娱乐。如果生活中少了娱乐的话，我们的世界将会变得非常无趣。娱乐会给我们平淡的生活带来光彩，娱乐会使我们变得饶有趣味，娱乐会减轻社会人的心理压力与负担。

突如其来的疫情，对电影院、KTV 等传统娱乐场所造成了巨大的冲击，但也给在线娱乐平台带来了高速发展机遇。在疫情影响下，在线娱乐平台通过媒介优势，主动承担社会责任助力防疫抗疫，并由娱乐导向拓展到兼具资讯、社交、教育特征。

后疫情时代，在线娱乐内容各形态将进一步交叉结合，与电商、教育、文旅等业态也将深度融合。5G 时代下，AR、VR 等技术新科技将为中国在线娱乐行业带来全方位的体系重构以及娱乐体验升级。后疫情时代娱乐行业面临新机遇与挑战（图 11-1）。

图 11-1 智慧娱乐

(1) 用户在线娱乐习惯持续养成，中国在线娱乐市场持续升温

后疫情时代下，用户在线娱乐习惯持续养成，中国在线娱乐市场将保持持续升温态势。而在流量红利逐渐消退的背景下，"90后""00后"年轻用户群以及三、四线城市及以下的下沉市场将成为中国在线娱乐平台重点布局的新消费群体。

(2) 在线娱乐市场呈现新内容、新业态

后疫情时代下，短视频、网络直播、网络动漫、网络文学、游戏、音乐等在线娱乐内容形态将进一步交叉结合。此外，在线娱乐与电商、教育、文旅等业态也将深度融合。与此同时，伴随直播、短视频等新媒体的发展渗透，传统娱乐也将加速线上化进程，以云综艺为典型的新型在线娱乐类型将日益增多。

(3) 5G技术驱动硬件与软件结合，用户在线娱乐体验提升

后疫情时代下，5G新基建也在加速落地。5G时代下，AR、VR等技术也将进一步提升虚拟界面的表达能力。艾媒咨询分析师认为，新科技将为中国在线娱乐行业带来全方位的体系重构以及娱乐体验升级，以互动广告、360°全景视角、AI虚拟人等全新的交互体验将不断优化。

11.2 核心内涵

技术改变生活，各种新技术每天都在重新定义我们的生活状态。当人工智能介入我们的生活，特别是娱乐的时候，一切又将大为不同。尽管很多时候我们很难察觉人工智能的存在，但它正在带给我们一个又一个无法拒绝的崭新的现实。

智慧娱乐的分类

当人们习惯于和智能音箱交流，与机器人玩具互动时；当人们沉迷于移动应用自动推荐的各种短视频时；当我们陶醉在美颜自拍时；当人们深夜拿着手机刷朋友圈，而不想睡觉时；当越来越多的年轻人日常讨论的内容都是"吃鸡""王者荣耀"时……这些变化的背后都可以找到AI的身影。

未来的AI+娱乐将更懂我们、更个性化、更便利；同时，人工智能同样能天马行空地发挥"想象力"，带来更想象不到的趣味性。当然，当我们醉心于这些光怪陆离的新娱乐方式时，"娱乐至死"这几个大字的意义在那个时代恐怕会被更多提及。

11.2.1 智慧娱乐方式

(1) 摄影

随着手机摄影功能越来越多，图像捕获和修图技术也越来越强大，我们不再需要学习Photoshop这样的专业工具来修图，而AI也已经被用于图像增强的各个方面，以生成最佳的照片（图11-2）。

① 时间旅行者——我们已经可以在历史中的任何时间将任何人放入任何照片中，通过AI可以更容易地获得更真实的视觉效果。

② 整体制作——通过假人物、假背景和假照明生成一张完全虚构的，并且可以吸引他人关注的照片。

③ 照片修复——通过使用最佳光线、重新聚焦、重新定位、重新着色并转换到最佳视角，可以将一张坏照片变成摄影佳作。

④ 完美修图——利用 AI，可以让人变得更好看，把胖子变瘦，让老人变年轻，让疲倦的人变得精力充沛。

⑤ 即时标题——任何照片都可以利用 AI 标题生成器添加一个有趣的标题。

图 11-2　智慧娱乐——摄影

（2）音乐

尽管未来几十年中，音乐本身并不会发生太大的变化，但音乐制作工具，以及听众所接触的音乐背后的机制已经产生了巨大的变化（图 11-3）。

① 情绪匹配——当音乐可以与我们的情绪和心态同步时，每一首音乐都会成为我们的精神理疗师。AI 可以安抚我们的不安与焦虑，让我们的心态变得更加积极与健康。

② 永不结束的音乐——AI 自动生成的音乐可以围绕某一特定的特征而不断变化，可以永远演奏下去，也可以根据需求而结束。

③ 全息现场表演——歌曲可以通过全息显示的方式展现，并可以从最初的乐队转变为跳舞熊、恶作剧鸭子、唱歌弹球机等各种可定制的全息形象。

图 11-3　智慧娱乐——音乐

④ 实时背景音乐——就像在电影中的背景音乐一样，AI 可以根据每个人生活中的每个瞬间自动生成适合当前环境的音乐。

（3）幽默与笑话

当前的大多数 AI 都是基于大数据的分析，由于软件速度快且永不疲倦，因此在大多数简单任务的处理上，AI 要优于人类。但人类的文化是与情感紧密融合的，这也是目前很多幽默娱乐节目的核心所在，但这也让 AI 在处理情感和情绪时会变得很困难。

幽默与笑话并没有固定的公式，而它们吸引我们的大部分内容取决于诸如语境、语调和肢体语言等微妙因素。未来的人工智能或许将以不寻常的方式通过逆向工程学会幽默。

① AI 与人类的笑话——在未来的聚会上，在人和机器人之间进行笑话比赛将成为活动的焦点。

② 适当插入笑话——在撰写冗长的文章时，可以在某行或某个点插入一个笑话作为标记，AI 可以提供多种建议。

③ 缓解紧张情绪——当一个人特别紧张时，AI 带来的一个小小的幽默将是缓解压力并重新调整情绪的好方法。

（4）讲述故事

人工智能将重塑故事的创作和讲述的方式。当我们从被动的观察者转变为积极的参与者时，讲故事就会变得大不相同，我们每天都可以体验自己的"英雄之旅"。

① 录制个人传记——使用 AI 记录故事，将更容易制作个人传记。

② 终极大 boss——当需要时，我们可以让 AI 从我们选择的任何电影和书籍中重新设计一个全新的大反派。

③ 永不结束的故事——随着时间的推移，AI 会产生一个无数页的故事情节，且存在许多种剧情发展变化的线路。

④ 完美的结局——很多故事都以悬而未决的问题作为结尾，以引起读者的遐想。未来 AI 可以帮我们找到并完成最完美的结局。

（5）电影制作

今天，我们已经拍摄了很多关于人工智能的电影。未来，AI 将帮助我们制作电影，并彻底改变这个行业。今天，99%的电影作品都很平凡。未来，人工智能将成为一个强大的工具，并让传统电影制作变得更加省时且有趣（图 11-4）。

图 11-4　智慧娱乐——电影

① 动态情节变化——AI 可以根据观众的兴趣变化和剧院内的注意力，及时转变情节，以使观众保持在最佳观影状态。

② 虚拟电影明星——AI 可以创造出完美演技的虚拟影星，而不再需要片酬过高的人类明星。

③ 完美的故事情节——最好的电影往往是情绪呈现过山车式的变化，人工智能将很快利用这一点，并根据每个场景、情节、变化来创造完美的故事情节。

④ 全息电影——在之前，电影从黑白走向了彩色。在未来，AI 将为观影者带来真正的 3D 全息体验。

（6）游戏

① 教育游戏化——很快，我们的学校将被一个精心设计的终身学习系统所取代，这个系统围绕着每个学生的兴趣和关注点而显现出高度的个性化。

② 完全沉浸式运动——当摄像头和传感器被放置在球场上的每个球员身上时，作为观众，我们通过特殊的"体验头盔"，可以实时看到、听到、感觉到并成为任何体育赛事的一部分。

③ 生活游戏化——游戏很快就会完美地融入我们的生活中，几乎生活的每个方面都能够被实行游戏化的量化、评分、评级和比较。

④ 工作游戏化——在未来几年，许多工作将成为需要完成游戏化的版本，AI 将使我们保持正常运行并向我们展示如何更好地执行和完成任务。

11.2.2 智慧娱乐设备

（1）VR 头盔显示器

头盔显示器（Head Mounted Displays，HMD）是专门为用户提供虚拟现实中立体场景的显示器，一般由下面几个部分组成：图像显示信息源、图像成像的光学系统、定位传感系统、电路控制机连接系统、头盔及配重装备。两个显示器分别向两只眼睛提供图像，显示器发射的光线经过凸透镜影响折射产生类似远方的效果，利用这个效果将近处物体放大至远处观赏而达到所谓的全像视觉。HMD 可以使参与者暂时与现实世界隔离，完全处于沉浸状态，因而它成为沉浸式 VR 系统不可缺少的视觉输出设备（图 11-5）。

图 11-5　VR 头盔显示器

图像显示信息源是指图像信息显示器件，一般采用微型高分辨率 CRT 或者 LCD 等平板显示器件。CRT 和 LCD 是最常用的两种设备，CRT 具有高分辨率、高亮度、响应速度快和低成本的特性，不足之处是功耗较大、体积大、质量大。LCD 的优点是功耗小、体积小、质量小，不足之处是显示亮度低，响应速度较慢。

头盔显示器可以根据需要设计成为全投入式和半投入式。全投入式头盔显示器将显示器件的图像经过放大、畸变等相差矫正以及中继等光学系统在观察者眼前成放大的虚像；半投入式头盔显示器是将经过矫正放大的虚像投射到观察者眼前的半反半透的光学玻璃上，这样显示的图像就叠加在透过玻璃的外界图像之上，观察者可以得到显示的信息和外部的信息。

头盔的定位传感系统是与光学系统同等重要的一部分。它包括头部的定位和眼球的定位。眼球的定位主要应用于标准系统上，一般采用红外图像的识别处理跟踪来获得眼球的运动信息。头部的定位采用的方法比较多，如超声波、磁、红外、发光二极管等的定位系统，头部的定位提供位置和指向等 6 个自由度的信息。头盔上装有位置跟踪器，可实时测出头部的位置和朝向，并输入计算机。计算机根据这些数据生成反映当前位置和朝向的场景图像并显示在头盔显示器的屏幕上。

① 头盔显示器的基本参数主要包括：

显示模式、显示视野、视野双目重叠、显示分辨率、眼到虚拟图像的距离、眼到目镜距离、物面距离、目标域半径、视轴间夹角、瞳孔距离、焦距、出射光瞳、图像像差、视觉扭曲矫正、质量、视频输出等。

② 头盔显示器的工作原理：

a. 将图像投影到用户面前 1~5m 的位置，通过放置在 HMD 小图像面板和用户眼睛之间的特殊光学镜片实现图像放大，填充人眼的视场角。

b. 场景放大的同时，像素间距也随之放大。

c. HMD 分辨率越低，视场角（Field of View，FOV）越高，颗粒度越大。

③ HMD 的显示技术分普通消费级和专业级两种：

a. 普通消费级：使用 LCD 显示器，主要为个人观看电视节目和视频游戏设计，接受 NTSC/PAL 单视场视频输入。

b. 专业级：使用 CRT 显示器，分辨率更高，接受 RGB 视频输入，配备头部运动跟踪器。

（2）数据手套

数据手套是虚拟仿真中最常用的交互工具。数据手套设有弯曲传感器，弯曲传感器由柔性电路板、力敏元件、弹性封装材料组成，通过导线连接至信号处理电路；在柔性电路板上设有至少两根导线，以力敏材料包覆于柔性电路板上，再在力敏材料上包覆一层弹性封装材料，柔性电路板留一端在外，以导线与外电路连接。它把人手姿态准确实时地传递给虚拟环境，而且能够把与虚拟物体的接触信息反馈给操作者，使操作者以更加直接、自然、有效的方式与虚拟世界进行交互，大大增强了互动性和沉浸感，并为操作者提供了一种通用、直接的人机交互方式。它特别适用于需要多自由度手模型对虚拟物体进行复杂操作的虚拟现实系统。数据手套本身不提供与空间位置相关的信息，必须与位置跟踪设备配合使用（图 11-6）。

图 11-6　数据手套

除了能够跟踪手的位置和方位外，数据手套还可以用于模拟触觉。戴上这种特殊的数据手套就可以以一种新的形式去体验虚拟世界。使用者可以伸出戴手套的手去触碰虚拟世界里的物体，当碰到物体表面时，不仅可以感觉到物体的温度、光滑度以及物体表面的纹理等集合特性，还能感觉到稍微的压力作用。虽然没有东西阻碍手继续下按，但是往下按得越深手上感受到的压力就会越大，松开时压力又消失了。模拟触觉的关键是获得某种材质的压力或皮肤的变形数据。

11.3 应用案例

HoloLens 是微软开发的一种全息影像头戴设备。HoloLens 内置处理器、传感器，并具有全息透视镜头及全息处理芯片，无须连接手机、计算机即可使用（图 11-7）。

HoloLens 是增强现实眼镜，戴上它之后，就好像微软现场所演示的，会在现实的世界里混入虚拟物体或信息，从而进入一个混合空间中。它会将人的头部移动虚拟成指针，将手势作为动作开关，将声音指令作为辅助，帮助切换不同的动作指令（图 11-8）。

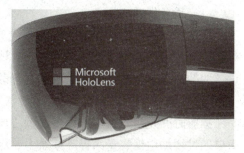

图 11-7　HoloLens

图 11-8　HoloLens 应用

相比 Google Glass，HololLens 的工作环境是室内，以提供新的交互方式来帮助人更有效地工作，或者展示新的娱乐方式。相比 Oculus Rift，HoloLens 不会把人封闭在全新的虚拟世界里，所以并不妨碍人们面对面交流。

HoloLens 具备 CPU、GPU 等硬件，是个独立的计算机。不过，真正让它变得犹如"魔法"一般的关键是自带的深度摄像头以及 HPU。HoloLens 深度摄像头通过随机的激光散斑对空间进行"光编码"，对整个空间进行标记，以此来检测人体的运动。在正式运行之前，HoloLens 需要对整个空间进行编码，然后才会显出虚拟图像。同时，头盔上的视觉单元会自动测量瞳孔间的距离而且自动校正，以适应人眼。

传统的人机交互，主要是通过键盘和触摸，包括并不能被精确识别的语音等，HoloLens 的出现，则给新一代体验更好的人机交互指明道路。相比于手机，穿戴式设备更加便携小巧，也具备更丰富的交互方式。目前，HoloLens 已公布的功能包括：

① HoloLens 投射新闻信息流；
② HoloLens 模拟游戏；

③ HoloLens 收看视频和查看天气；
④ HoloLens 辅助 3D 建模。

但是，HoloLens 真正大规模使用还需要克服几大难关：

（1）设备发热问题

普通 3D 游戏都可以令 GPU 温度上升至 90 摄氏度，而作为头戴式设备的 HoloLens 显然对温度更加敏感。一方面是利用 HPU 技术的革新，去减少设备的发热量，另一方面是提高设备的散热效率，通过设备的两侧进行散热，尽量避免人的头部感受到热量。

（2）续航时间

续航时间是用户对电子设备最关心的要素之一，而且头戴式设备重量必然有限，不可能简单通过增加电池容量来提高续航力。尽管不可能要求穿戴设备能够一直佩戴而不充电，但是用户肯定是有 3~5 小时的心理预期，否则频繁的充电肯定极大影响用户体验。

（3）分辨率指标

分辨率是关于增强现实体验的核心指标，作为用户当然希望分辨率越高越好，但分辨率过高也会影响到耗电与发热指标。

11.4 基础技术

虚拟现实技术的出现革命性地改变了娱乐方式，将传统单向的娱乐改变为交互性的娱乐方式，将娱乐体验快速升级。

11.4.1 虚拟现实的发展史

虚拟现实技术是对生物在自然环境中的感官和动作等行为的一种模拟交互技术，它与仿真技术的发展是息息相关的。中国古代战国时期的"风筝"就是模拟飞行动物和人之间互动的大自然场景，风筝的拟声、拟真、互动的行为是仿真技术在中国的早期应用，它也是中国古代人们试验飞行器模型的最早发明。西方发明家利用风筝的飞行原理发明了飞机，美国发明家 Edwin A.Link 发明了飞行模拟器，使操作者能有乘坐真正飞机的感觉。1962 年，Morton Heilig 发明了全传感仿真器，蕴含了虚拟现实技术的思想理论。这三个较典型的发明都蕴含了虚拟现实技术的思想，是虚拟现实技术的前身。

虚拟现实的发展史

1968 年美国计算机图形学之父伊凡·苏泽兰特（Ivan Sutherland）开发的第一个计算机图形驱动的头盔显示器及头部位置跟踪系统，是虚拟现实技术发展史上一个重要的里程碑。此阶段也是虚拟现实技术的探索阶段，为虚拟现实技术的基本思想产生和理论发展奠定了基础。

随后，虚拟现实技术从研究阶段转为应用阶段，广泛运用到了科研、航空、医学、军事等领域。虚拟现实技术的应用领域逐渐扩大，如美军开发的空军任务支援系统与海军特种作战部队计划和演习系统，虚拟的军事演习也能达到真实军事演习的效果；国内开发的虚拟故宫、虚拟建筑环境系统、桌面虚拟建筑环境实时漫游系统。近年来随着技术的不断升级与成本的不断下降，软硬件生态环境日趋成熟，至 2015 年，VR 进入了新一轮的快车道。不少厂商重新燃起了对 VR 的兴趣，竞相发布各类产品或公布即将推出的相应产品。这一活跃氛围也带动着国内中小厂商同时跟进，进而形成了火热的 VR 产业，2016 年被称为虚拟现实元年，VR 呈现爆发式增长，当时人们预测 VR 市场规模 3 年内将超过 159 亿美元。VR 的基本现状是投资狂热、大厂云集、终端剧增。

11.4.2 虚拟现实的概念

虚拟现实又称灵境技术，即本来没有的事物和环境，通过各种技术虚拟出来，让人感觉如真实的一样。

虚拟现实是以沉浸感、交互性和构想性为基本特征的计算机高级人机界面。它综合利用了计算机图形学、仿真技术、多媒体技术、人工智能技术、计算机网络技术、并行处理技术和多传感器技术，模拟人的视觉、听觉、触觉等感官功能，使人能够沉浸在计算机生成的虚拟境界中，并能够通过语言、手势等自然的方式与之进行实时交互，创建了一种近人化的多维信息空间。虚拟现实就是要创建一个酷似客观环境、超越客观时空、使人能沉浸其中又能驾驭它的和谐人机环境，即由多维信息所构成的可操纵的空间。

虚拟现实是建立在计算机图形学、人机接口技术、传感技术和人工智能等学科基础上的综合性极强的高新信息技术，在军事、医学、设计、艺术、娱乐等多个领域都得到了广泛的应用，被认为是 21 世纪大有发展前途的科学技术领域。

由于沉浸感、交互性和构想性的英文单词的第一个字母均为 I，所以这 3 个特征又通常被统称为 3I 特性：

沉浸感（Immersion）：又称临场感、存在感，是指用户感到作为主角存在于虚拟环境中的真实程度。

交互性（Interaction）：在虚拟环境中，操作者能够对虚拟环境中的对象进行操作，并且操作的结果能够反过来被操作者准确地、真实地感觉到。

构想性（Imagination）：除一般计算机所具有的视觉感知外，还有听觉感知、力觉感知、触觉感知、运动感知，甚至包括味觉感知、嗅觉感知等。

虚拟现实最重要的特点就是"逼真"与"交互"性，环境中的物体和特性按照自然规律发展和变化，让人犹如身临其境般感受到视觉、听觉、触觉、运动觉、味觉和嗅觉的变化。

11.4.3 虚拟现实系统的分类

在实际应用中，按其功能不同将虚拟现实系统划分为以下 4 种类型。

（1）桌面式虚拟现实系统

它是利用个人计算机或图形工作站等设备，采用立体图形、自然交互等技术，产生三维立体空间的交互场景，利用计算机的屏幕作为观察虚拟世界的一个窗口，通过各种输入设备实现与虚拟世界的交互。

桌面式 VR 系统具有以下特点：

① 缺少完全沉浸感，参与者不完全沉浸，即使戴上立体眼镜，仍然会受到周围现实世

界的干扰。

② 应用比较普遍，对硬件要求较低，成本也相对较低。

（2）沉浸式虚拟现实系统

沉浸式虚拟现实系统利用头盔式显示器或其他设备，把参与者的视觉、听觉和其他感觉封闭起来，提供一个新的、虚拟的感觉空间，并利用位置跟踪器、数据手套、其他手控输入设备、声音等使参与者产生一种身在虚拟环境并能全心投入和沉浸其中的感觉。沉浸式系统具有高度的沉浸感和实时性。常见的沉浸式 VR 系统有：

① 基于头盔式显示器的系统；

② 投影式虚拟现实系统；

③ 远程存在系统。

（3）增强式虚拟现实系统

增强式虚拟现实系统是把真实环境和虚拟环境结合起来的一种系统，既允许用户看到真实世界，同时也能看到叠加在真实世界上的虚拟对象。增强式 VR 系统的真实世界和虚拟世界在三维空间中融为一体，并具有实时人机交互功能。常见的增强式 VR 系统有：

① 基于台式图形显示器的系统；

② 基于单眼显示器的系统；

③ 基于透视式头盔显示器的系统。

（4）分布式虚拟现实系统

分布式虚拟现实系统又称 DVR，是一种基于网络的虚拟现实系统。在虚拟环境中，位于不同物理环境位置的多个用户或多个虚拟环境通过网络相连接，或者多个用户同时参加一个虚拟现实环境，通过计算机与其他用户进行交互并共享信息。它在沉浸式 VR 系统的基础上，将位于不同物理位置的多个用户或多个虚拟环境通过网络相连接并共享信息，从而使用户的协同工作达到一个更高的境界。

分布式 VR 系统具有以下特点：

① 各用户具有共享的虚拟工作空间；

② 伪实体的行为真实感；

③ 支持实时交互，共享时钟；

④ 多个用户可用各自不同的方式相互通信；

⑤ 资源信息共享以及允许用户自然操纵虚拟世界中的对象。

11.4.4 虚拟现实关键技术

虚拟现实技术综合了多媒体技术、计算机图形技术、人机交互技术等多学科技术，其中立体显示技术、环境建模技术、体感交互技术是虚拟现实技术的关键技术环节。

（1）立体显示技术

人类从客观世界获取信息的 80%来自视觉，视觉信息的获取是人类感知外部世界、获取信息的最主要传播渠道。在视觉显示技术中，实现立体显示技术是较为复杂和关键的。立体显示技术是虚拟现实的关键技术之一，它可以使人在虚拟现实世界里具有更强的沉浸感，立体显示技术的引入可以使各种模拟器的仿真更加逼真。因此，有必要研究立体成像技术并利用现有的计算机平台，结合相应的软硬件系统在显示器上显示立体视景。

由于人两眼之间有 4～6 cm 的距离，所以实际上看物体时两只眼睛中的图像是有差别的。两幅不同的图像输送到大脑后，看到的是有景深的图像。这就是计算机和投影系统的立体成像原理。立体显示技术主要有分色技术、分光技术、分时技术、光栅技术以及全息技术。

① 分色技术。

分色技术的基本原理是让某些颜色的光只进入左眼，另一部分只进入右眼。显示器就是通过组合红、黄、蓝三原色来显示上亿种颜色的，计算机内的图像资料大多数也是用三原色的方式储存。分色技术在第一次过滤时要把左眼画面中的蓝色、绿色去除，右眼画面中的红色去除，再将处理过的这两套画面叠合起来，但不完全重叠，左眼画面要稍微偏左边一些，然后到这就完成了第一次过滤。第二次过滤是观众戴上专用的滤色眼镜，眼镜的左边镜片为红色，右边镜片是绿色或蓝色。由于右眼画面同时保留了蓝色和绿色的信息，因此右边的镜片，不管是蓝色还是绿色都是一样的。

② 分光技术。

分光技术的基本原理是当观众戴上特制的偏光眼镜时，由于左、右两片偏光镜的偏振轴互相垂直，并与放映镜头前的偏振轴相一致。使观众的左眼只能看到左像，右眼只能看到右像，然后通过双眼汇聚功能将左右图像相叠合在视网膜上，由大脑神经产生三维立体的视觉效果。常见的光源都会随机发出自然光和偏振光，分光技术是用偏光滤镜或偏光片滤除特定角度偏振光以外的所有光，让 0° 的偏振光只进入右眼，90° 的偏振光只进入左眼（也可用 45° 和 135° 的偏振光搭配）。

③ 分时技术。

分时技术是将两套画面在不同的时间播放，显示器在第一次刷新时播放左眼画面，同时用专用的眼镜遮住观看者的右眼，下一次刷新时播放右眼画面，并遮住观看者的左眼。按照上述方法将两套画面以极快的速度切换，在人眼视觉暂留特性的作用下就合成了连续的画面。

④ 光栅技术。

在显示器前端加上光栅挡光，让左眼透过光栅时只能看到部分画面，右眼也只能看到另外一半画面，于是就能让左右眼看到不同影像并形成立体，此时无须佩戴眼镜。而光栅本身亦可由显示器形成，也就是将两片液晶面板重叠组合而成，当位于前端的液晶面板显示条纹状黑白画面时，即可变成立体显示器；而当前端的液晶面板显示全白的画面时，不但可以显示 3D 影像，还可以同时相容于现有的 2D 显示器。

⑤ 全息技术。

计算机全息图是通过计算机的运算来获得的一个计算机图形的干涉图样，替代传统全息图物体光波记录的干涉过程，而全息图重构的衍射过程并没有原理上的改变，只是增加了对光波信息可重新配置的设备，从而实现不同的计算机静态、动态图形的全息显示。

（2）环境建模技术

快速建模技术是近年来的新兴三维建模技术，其通过几何图形模型库、3D 扫描仪以及 Kinect 深度照相机等技术手段与工具，快速有效地对真实物体进行数据收集并转化为数字信号进行自动建模，可在虚拟世界展现真实世界中的场景，相比传统建模技术省略了许多复杂程序，建模效率得到极大提升，已成为场景建模的主要手段之一。快速建模过程中常通过次世代游戏技术及场景分块、可见消隐等方式对场景建模优化，以确保虚拟现实系统的运行效率与流畅性。

虚拟环境建模的目的在于获取实际三维环境的三维数据，并根据其应用的需要，利用获取的三维数据建立相应的虚拟环境模型。只有设计出反映研究对象的真实有效的模型，虚拟现实系统才有可信度。基于目前的技术水平，常见的是三维视觉建模和三维听觉建模。在当前应用中，三维建模一般主要是三维视觉建模。三维视觉建模可分为几何建模、物理建模、行为建模和听觉建模。

① 几何建模技术。

虚拟环境包括两个方面，一是形状，二是外观。物体的形状是由构成物体的各个多边形、三角形和顶点等来确定的，物体的外观是由表面的纹理、颜色、光照系数等来确定的。

虚拟环境中的几何模型是物体几何信息的表示，几何建模是开发虚拟现实系统过程中最基本、最重要的工作之一，设计表示几何信息的数据结构、相关的构造与操纵该数据结构的算法。

② 物理建模技术。

物理建模指的是虚拟对象的质量、惯性、表面纹理（光滑或粗糙）、硬度、变形模式（弹性或可塑性）等特征的建模。物理建模是虚拟现实系统中比较高层次的建模，它需要物理学与计算机图形学配合，涉及力的反馈问题，主要是质量建模、表面变形和软硬度等物理属性的体现。

粒子系统是一种典型的物理建模系统，粒子系统是用简单的体素完成复杂的运动建模。在虚拟现实系统中，粒子系统常用于描述火焰、水流、雨雪、旋风、喷泉等现象及动态运动的物体建模。而河流和山体等地理特征则使用分形技术进行用于静态远景的建模。

③ 行为建模技术。

虚拟现实的本质是客观世界的仿真或折射，虚拟现实的模型则是客观世界中物体或对象的代表。而客观世界中的物体或对象除了具有表观特征如外形、质感以外，还具有一定的行为能力，并且服从一定的客观规律。在虚拟环境行为建模中，建模方法主要有基于数值插值的运动学方法与基于物理的动力学仿真方法。

（3）体感交互技术

体感交互技术主要实现虚拟现实的沉没特性，在交互的过程中满足人体的感官需求。目前，基于该类技术研发的体感设备种类繁多，如有智能眼镜、语音识别、数据手套、触觉反馈装置、运动捕捉系统、数据衣等。

① 手势识别。

手势识别是将人的手势通过数学算法针对人们所要表达的意思进行分析、判断并整合的交互技术。一般来说，手势识别技术并非针对单纯的手势，还可以对其他肢体动作进行识别，比如头部、胳臂等。但是其中手势占大多数。在交互设计方面，手势与依赖鼠标、键盘等进行操控的区别是显而易见的，那就是手势是人们更乐意接受的、舒适而受交互设备限制小的方式，而且手势可供挖掘的信息远比依赖键盘鼠标的交互模式多。

手势识别可以用于虚拟制造和虚拟装配、产品设计等。虚拟装配通过手的运动直接进行零件的装配，同时通过手势与语音的合成来灵活地定义零件之间的装配关系。还可以将手势识别用于复杂设计信息的输入。

② 面部表情识别。

面部表情识别是智能化人机交互技术中的一个重要组成部分，现在越来越受到重视。面部表情是人们之间非语言交流时的最丰富的资源和最容易表达人们感情的一种有效方式，在人们的交流中起着非常重要的作用。表情含有丰富的人体行为信息，是情感的主载体，通过面部表情能够表达人的微妙的情绪反应以及人类对应的心理状态，由此可见表情信息在人与人之间交流中的重要性。

面部表情识别就是利用计算机进行人脸表情图像获取、表情图像预处理、表情特征提取和表情分类的过程，它通过计算机分析人的表情信息，从而推断人的心理状态，最后达到实现人机之间的智能交互。表情识别技术是情感计算机研究的内容之一，是心理学、生理学、计算机视觉、生物特征识别、情感计算、人工心理理论等多学科交叉的一个极富挑战性的课题，它对于自然和谐的人机交互、远程教育、安全驾驶等领域都有重要的作用和意义。

③ 眼动追踪。

眼动的 3 种基本方式：注视、眼跳、追随运动。由于用户的注视点能极大地改善人机接口，所以可以把眼动活动当作用户注意力状态的标志。将眼动活动整合成人机接口的障碍就是没有一种可用的、可靠的、低成本的、开源的眼动跟踪系统。

眼动跟踪技术中主要使用红外光谱成像处理方法，红外光谱成像通过使用一个用户无法感知的红外光控制系统来主动消除镜面反射。红外光谱成像的好处就是，瞳孔是图像中最强的特征轮廓而不是角膜缘。巩膜和虹膜都能够反射红外光，而只有巩膜能反射可见光。跟踪瞳孔轮廓更具优势，因为瞳孔轮廓比角膜缘更小更尖锐。

④ 触觉反馈。

触觉是指人与物体接触所得到的感觉，是触压觉、压觉、震动觉和刺痛觉等皮肤感受的统称。狭义的触觉是指微弱的机械刺激兴奋了皮肤浅层的触觉感受器引起的肤觉，广义的触觉还包括由较强的机械刺激导致深部组织变形时引起的压觉。触压觉的绝对感受性在身体表面的不同位置有很大的差别，一般来说，越活动的部分触压觉的感受性越高。

通过触觉界面，用户不仅能看到屏幕上的物体，还能触摸和操控它们，产生更真实的沉浸感。触觉在交互过程中有着不可替代的作用。触觉交互已成为人机交互领域的最新技术，对人们的信息交流和沟通方式将产生深远的影响。触觉交互可以增进人机交互的自然性，使普通用户能按其熟悉的感觉技能进行人机通信，对计算机的发展起到不可估量的作用。

习题 11

11-1 娱乐对于社会的价值体现在哪些方面？
11-2 智慧娱乐的方式有哪些？
11-3 虚拟现实技术的概念是什么？经历了怎样的发展过程？
11-4 虚拟现实系统有哪些分类？需要哪些关键技术？

单元 12 智慧终端

12.1 背景引入

终端（Computer Terminal）是与计算机系统相连的一种输入输出设备。终端可以看作是庞大网络的进出口，人们通过电视、PC、智能手机等各种终端设备与网络相连，获取网络中的信息，同时也将自身的信息传递到网络上。终端设备伴随着计算机主机时代的集中处理模式而产生，并随着计算机技术的发展而不断发展。近年来，智能手机的出现彻底改变了传统的桌面终端模式，形成了新的智慧终端模式（图12-1）。

图 12-1 智慧终端

移动互联网将移动通信和互联网这两个发展最快、创新最活跃的领域连接在一起，并凭借数十亿的用户规模，正在开辟信息通信发展的新时代。移动互联网所改变的绝不仅仅是接入手段，也绝不仅仅是桌面互联网的简单复制，而是一种新的能力、新的思维和新的模式，并将不断催生新的产业形态、业务形态和商业模式。

截至2019年年底，中国移动互联网用户规模达13.19亿，占据全球网民总规模的32.17%；4G基站总规模达到544万个，占据全球4G基站总量的一半以上；电子商务交易规模34.81万亿元，已连续多年占据全球电子商务市场首位；网络支付交易额达249.88万亿元，移动支付普及率位于世界领先水平；全国数字经济增加值规模达 35.8 万亿元，已稳居世界第二位。

移动互联网流量规模也保持高增长态势，2015 年全年移动互联网流量仅 41.87 亿 GB，随着 4G 网络的完善，4G 用户规模的增长，智能手机硬件及应用技术的发展，2015—2019 年移动互联网流量规模呈高增长态势，2019 年全年移动互联网流量规模达到 1 220 亿 GB。2020 年 1 到 10 月，移动互联网累计流量达 1 338 亿 GB，同比增长 34%。其中，通过手机上网的流量达到 1 270 亿 GB，占移动互联网总流量的 94.9%。

网络上的各种 App（移动互联网应用）也越来越丰富。截至 2020 年 6 月，我国国内市场上数量为 359 万款。移动应用规模排在前四位种类的 App 数量占比达 58.6%。其中，游戏类 App 数量达 92.5 万款，占全部 App 比重为 25.8%；日常工具类 App 数量 50.8 万款，占全部 App 比重为 14.1%；电子商务类 App 数量达 36.5 万款，占全部 App 比重为 10.2%；生活服务类 App 数量达 30.5 万款，占全部 App 比重为 8.5%；社交通信、教育等其他类 App 占比为 41.4%。随着移动互联网的深入渗透和移动社交行业的发展，社交变得越来越方便，也越来越及时。其中，即时通信工具作为最基础的互联网应用，用户使用率一直处于较高水平，2015 年 6 月中国手机即时通信用户规模为 5.40 亿人，截至 2020 年 6 月，我国手机即时通信用户规模达 9.30 亿人，占手机网民的 99.8%。

12.2 核心内涵

12.2.1 智慧终端的概念

智慧终端是指具备开放操作系统的移动终端，采用操作系统、中间件和应用软件的平台式架构，能够更灵活地安装和卸载各种应用程序和数字内容，具有可扩展性。

智能手机是最具代表性的智慧终端。此外平板电脑、电子阅读器、车载导航仪、掌上游戏机等消费电子产品通过架构变化和无线接入能力的添加也可纳入智慧终端的范畴。新型智慧终端一般具有如下共同属性：

① 内置 4G（5G）、Wi-Fi 等无线通信模块，具备移动高速分组数据接入能力。

② 采用开放的终端软件平台架构，能够灵活地安装、卸载各种应用程序和数字内容。

③ 一般与移动应用商店相结合，构成一个应用、内容的传播平台，为智能终端用户提供方便的应用程序和数字内容的搜索、购买、下载和安装。

智慧终端的架构可分为硬件平台、软件平台和其他外围硬件设备。

（1）硬件平台

硬件平台包含基带芯片和应用处理器（AP），AP 的功能已类似于 PC 的处理器芯片，其上可加载操作系统和应用软件，从而构成了一个功能强大的移动计算平台。

（2）软件平台

软件平台一般分为：基本操作系统、中间件和应用软件以及浏览器等。

① 基本操作系统主要包括操作系统内核和硬件抽象层（对硬件和设备的支持和管理）。

② 中间件可分成 OS 基本服务和应用程序框架两层：OS 基本服务层包括了 OS 系统服

务、媒体服务、浏览器引擎、网络服务、（安全）连接服务、图形引擎和 C 程序库等；应用框架层包括应用程序管理、UI、互联网程序支持、消息应用支持、PIM 应用支持等。除此之外，数据库、电话服务和 JAVA 虚拟机及类库一般也属于中间件层。

③ 应用软件主要包括终端厂商预置的应用软件以及用户自己安装的第三方程序。

④ 此外，浏览器已经从简单的网页浏览工具过渡为承载各种 web 应用的平台，业界已出现 web 运行环境概念，XHTML/CSS/sVG/JavaScript 等属于此层，一些重要的应用如 Widget 等运行于 web 运行环境下。

（3）外围硬件设备

外围硬件设备主要包括屏幕、键盘、电源、各种传感器、短距离通信模块（蓝牙、红外等）以及 RFID 等。

12.2.2 智慧终端的分类

日常生活中，常用的智慧终端主要包括：

（1）智能手机

移动互联时代的到来，智能手机的流行已成为手机市场的一大趋势。这类移动智能终端的出现改变了很多人的生活方式及对传统通信工具的需求，人们不再满足于手机的外观和基本功能的使用，而开始追求手机强大的操作系统给人们带来更多、更强、更具个性的社交化服务。智能手机也几乎成了这个时代不可或缺的代表配置。与传统功能手机相比，智能手机以其便携、智能等特点，使其在娱乐、商务、时讯及服务等应用功能上能更好地满足消费者对移动互联的体验（图 12-2）。

智能手机

图 12-2 智能手机

智能手机，是指像个人计算机一样，具有独立的操作系统，独立的运行空间，可以由用户自行安装软件、游戏、导航等第三方服务商提供的程序，并可以通过移动通信网络来实现无线网络接入的手机类型的总称。从 2019 年开始智能手机的发展趋势是充分加入了人工智能、5G 等多项专利技术，使智能手机成为用途最为广泛的专利产品。

智能手机主要特点包括：

① 具备无线接入互联网的能力：需要支持 GSM 网络下的 GPRS 或者 CDMA 网络的 CDMA1X 或 3G（WCDMA、CDMA-2000、TD-CDMA）网络，甚至 4G（HSPA+、FDD-LTE、TDD-LTE）。

② 具有 PDA 的功能：包括 PIM（个人信息管理）、日程记事、任务安排、多媒体应用、浏览网页。

③ 具有开放性的操作系统：拥有独立的核心处理器（CPU）和内存，可以安装更多的应用程序，使智能手机的功能可以得到无限扩展。

④ 人性化：可以根据个人需要扩展机器功能。根据个人需要，实时扩展机器内置功能，以及软件升级，智能识别软件兼容性，实现了软件市场同步的人性化功能。

⑤ 功能强大：扩展性能强，第三方软件支持多。

⑥ 运行速度快：随着半导体业的发展，核心处理器（CPU）发展迅速，使智能手机在运行速度越来越快。

（2）笔记本电脑

笔记本电脑（Laptop），简称"笔记本"，又称"便携式电脑""手提电脑""掌上电脑"或"膝上型电脑"，特点是机身小巧，比台式机携带方便，是一种小型、便于携带的个人电脑，通常重 1~3 千克，如图 12-3 所示。

当前发展趋势是体积越来越小，重量越来越轻，功能越来越强。为了缩小体积，笔记本电脑采用液晶显示器（液晶 LCD 屏）。除键盘外，还装有触控板（Touchpad）或触控点（Pointing Stick）作为定位设备（Pointing Device）。笔记本电脑和台式机的区别在于便携性，它对主板、CPU、内存、显卡、硬盘的容量等有不同要求。

当今的笔记本电脑正在根据用途分化出不同的趋势，上网本趋于日常办公以及电影，商务本趋于稳定低功耗获得更长久的续航时间；家用本拥有不错的性能和很高的性价比；游戏本则是专门为了迎合少数人群外出游戏使用的，发烧级配置，娱乐体验效果好，当然价格不低，电池续航时间也不理想。

图 12-3 笔记本电脑

（3）PDA

PDA（Personal Digital Assistant），又称为掌上电脑，可以帮助我们完成在移动中工作、学习、娱乐等。按使用来分类，分为工业级 PDA 和消费品 PDA。工业级 PDA 主要应用在工业领域，常见的有条码扫描器、RFID 读写器、POS 机等都可以称作 PDA；消费品 PDA 包括的比较多，如智能手机、平板电脑、手持的游戏机等。

掌上电脑最大的特点是具有开放式的操作系统，支持软硬件升级，集信息的输入、存储、管理和传递于一体，具备常用的办公、娱乐、移动通信等强大功能。因此，PDA 完全可以称作一个移动办公室。当然，并不是任何 PDA 都具备以上所有功能；即使具备，也可能由于缺乏相应的服务而不能实现。但可以预见，PDA 发展的趋势和潮流就是计算、通信、网络、存储、娱乐、电子商务等多功能的融合（图 12-4）。

其实对于掌上电脑也没有一个确切的定义，一般情况下掌上电脑带有 PalmOS、WindowsCE 或者其他开放式操作系统，具有网络功能，并且可以由用户自由进行软硬件升级。也就是说，用户除了扩展硬件以外，还可以加装软件，甚至可以自己开发程序在它上面运行。在使用上，它比台式电脑操作简单、移动方便，功能实用，消除了台式电脑的五大限制，即移动的限制性、使用的复杂性、移动联网的困难性、价格的昂贵性、用途的闲置性。

图 12-4　PDA

从宏观上看，PDA 将有以下几个发展趋势：

① 低能源消耗。

PDA 产品多以 PDA 专用的充电器来提供能源，彼此之间必不兼容，普通电池无法支持或消耗电能极快，若使 PDA 的使用更方便，PDA 对电能的需求也将会变得多元化，需要其在能源消耗上进一步探索，如储存电能的设备都可以为 PDA 供电——汽车电瓶、手表电池、太阳能电池，以及其他任何可能形式的电能。

② 无线资料传输。

传统的传输线有长度的限制，对设备的位置也有一定要求，传输线不易整理、携带不便，也不雅观。通过由蓝牙构造的无线网络，可使 PDA 与计算机的连接更方便，或进行 web 浏览，或下载软件，让用户无论何时何地都能方便及时地进行数据交换和信息交流。

③ 集多种功能为一体。

PDA 正朝着计算、通信、网络、存储、娱乐、电子商务、专业应用等多功能的融合的趋势发展。尤其，PDA 与手机功能组合的 PDA 手机为越来越多的高端用户所青睐，正逐渐成为国际移动终端市场新的潮流趋势和主流力量，并逐步走向社会化和标准化。

（4）平板电脑

平板电脑也叫便携式电脑（Tablet Personal Computer，Tablet PC），是一种小型、方便携带的个人电脑，以触摸屏作为基本的输入设备。它拥有的触摸屏（也称为数位板技术）允许用户通过触控笔或数字笔来进行作业而不是传统的键盘或鼠标。用户可以通过内建的手写识别、屏幕上的软键盘、语音识别或者一个真正的键盘（如果该机型配备的话）实现输入（图 12-5）。

图 12-5　平板电脑

平板电脑在外观上，具有与众不同的特点。有的就像一个单独的液晶显示屏，只是比一般的显示屏要厚一些，在内部配置了硬盘等必要的硬件设备。它像笔记本电脑一样体积小而轻，可以随时转移它的使用场所，比台式机具有移动灵活性。而且具有触摸屏和手写识别输入功能，以及强大的笔输入识别、语音识别、手势识别能力。

但是，也存在着以下缺点：因为屏幕旋转装置需要空间，所以平板电脑的"性能体积比"和"性能重量比"就不如同规格的传统笔记本电脑；手写输入跟打字速度相比太慢了，而且没有键盘的平板电脑不能代替传统笔记本电脑，并且会让用户觉得使用更难；此外，电池的续航问题，也是制约平板电脑发展的瓶颈。

12.2.3 智慧终端发展趋势

在科技和业务发展的驱动下，智慧终端呈现出形态多样化、能力PC化、模式开放化、数据个性化的特点。

（1）形态多样化

移动智能终端与多样化的信息终端相互融合，形态日趋多样化。移动智能终端已不局限于智能手机，平板电脑、电子阅读器、车载导航仪、掌上游戏机等广泛受到智能手机启发，通过架构变化和无线接入能力的添加也纷纷进入移动智能终端范畴。最为典型的是平板电脑，如苹果iPad从硬件与软件两方面都与智能手机毫无差异，其便携性也完全符合移动终端标准；基于Android系统的车载导航仪和基于WM系统的电子阅读器，叠加Widget应用后也成为移动互联网业务应用的良好载体；亚马逊电纸书Kindle采用了基于Linux内核的操作系统与智能手机也颇为类似。

随着终端形态多样化效益的持续放大，未来还会出现更多无法预料的新型移动智能终端产品。

（2）能力PC化

移动智能终端在软硬件等方面的能力全面提升，功能已不输于几年前的PC。未来移动智能终端将模拟个人PC实现更强大的应用功能，成为个人应用的第一载体。

在硬件方面，智能终端的应用处理器（AP）功能已类似于PC的处理器芯片，其上可加载操作系统和应用软件，从而构成了一个功能强大的移动计算平台。目前，智能终端AP的计算能力已经和几年前的PC能力相当。

在软件方面，智能终端改变了功能手机的一体化嵌入或操作系统叠加应用软件的集成式架构，而采用开放的操作系统架构，允许用户自由安装和卸载应用程序，能够灵活适应应用软件的开发与应用，已经和PC没有区别。

在网络方面，移动终端的网络接入能力逐渐增强，除了移动网络接入带宽增加外，还表现为多网络连接特性，能够接入Wi-Fi、WiMAX网络，接收广播电台、GPS信号，甚至于具备可以接收广播电视的特性。

此外，移动终端的多重功能特性愈发凸显，各类移动终端基本都具有以下多媒体特性：摄像头（拍照和录像）、音乐播放、视频播放、GPS导航、游戏、通信功能等。

（3）模式开放化

在传统功能手机架构下，应用开发采用嵌入式方法固化到终端内部，终端只是网络的延续，是业务的简单承载体。因此移动增值业务开发速度慢，通常是以年来计算。

在智能移动终端架构下，基于与硬件分离的操作系统、开放的操作系统 API，以及丰富的软件开发包（SDK），促使应用开发模式开放化，应用的开发变得简单而快捷。通过与应用开发阵营的捆绑，移动终端应用的发展进入加速成长通道，运营商不再是移动业务的唯一提供者，移动终端也不再只是网络的延续，而成为承载各种应用的平台。移动互联网业务的发展向着开放性、灵活性发展，移动应用日新月异。开放的应用开发模式决定了移动智能终端的成长性。

（4）数据个性化

移动终端的数据日趋个性化，将成为获得个人业务数据的第一窗口。移动终端具有独占性和随身性，其使用会产生大量的用户信息，如位置信息、业务使用偏好、联系人信息、上网轨迹信息、支付信息等，这些信息数据可通过移动终端被电信运营商、应用平台提供商及浏览器提供商等存留与分析，进而利用这些数据为用户提供实时、个性化业务及信息服务。同时，这些实时信息也将被汇总分析用于舆情监测，掌握社会的最新动态。如众多搜索引擎提供商争相欲与 Twitter 合作，推出实时内容搜索业务，除表明快速的信息流动蕴含巨大价值外，更体现出移动终端在获取用户数据和行为方面的优势。

12.3 应用案例

我国正处于移动互联网发展的高峰期，技术的革新为信息的传播带来了巨大的发展前景，随着手机的逐渐智能化，各类移动网络应用和服务随之诞生，移动网络直播（图 12-6）等各类直播类节目迅速充斥在人们的生活中。由此带来的是大众获取新闻资讯的方式越来越便捷和碎片化，尤其在新一代的年轻人中显得更为突出，许多电视新闻直播类节目也借助当今的科技发展热潮开发了属于自己的新闻应用类 App，使得原本的电视新闻直播不再单一借助电视这一载体实现新闻传播，新闻传播形式的多样化发展依然成为人们获取新闻和信息的重要渠道。电视新闻直播这一本来就需要新技术手段支持的节目也获得了更多的发展空间。

图 12-6 网络直播

（1）电视新闻直播与网络手机端的融合与特色

移动互联网改变了人们的消费模式，同时也改变了人们获取新闻资讯的方式，视频这一包含声音与画面的模式满足了大众获取信息最直观的感受，在提升用户阅读体验的同时，也还原了事件发生的情形。因此，网络手机端的新闻直播赢得了观众的喜爱，不受时间和空间限制的播放形式更是让更多的观众放弃了原先只能通过电视机获得新闻直播的体验。正是因为这些因素，传统电视媒体在发展过程中也开始注重与网络手机端的结合，而分析移动新闻客户端的直播特性，可以发现以下几个特点：

① 内容更丰富，直播体验更加真实。

传统电视新闻直播由于题材的限制，只有一些特定的节目类型才会让创作者投入精力去做，这一方面是由于国家政策引导的因素，另一方面是利益驱动的因素，巨大的投入带来的传播效果如果得不到回报，必然导致相关方向的直播得不到重视。而当下的客户端直播却不同于原有的电视直播，由于各类平台的百花齐放，相当于把直播的时间无限延长，新闻创作者不用再去担心题材选取的有限性，使得直播内容更加丰富。相对而言，利用网络手机端的直播能够让人随时随地打开手机获取直播讯息，不再是原有的新闻创作模式，带给人们的直播体验更加真实。

② 客户端直播成本更低。

传统的电视新闻制作是一项系统而又复杂的工作，需要内部许多部门经历采、编等流程才能产出的技术含量较高的创作。在新闻设备的采集上，运用许多专业化设备采集的新闻信息质量更高，有着专业化训练的人才更能够把握新闻的亮点，所以在传统新闻直播中带给大多数人的印象是模式化和固定化，久而久之就会给人一种"电视新闻"的印象，而这对于新闻的传播来说是极其不利的。在技术发展越来越先进的同时，网络手机端的直播只需要智能手机就能够完成新闻的采集和编辑，强大的软件功能让没有经历特殊培训的直播者能够轻易掌握直播的技巧，使得客户端直播的成本更加低廉。

③ 手机端直播互动性更强。

手机端直播的另一个特性是能够实现实时与受众的沟通交流，直播者在进行直播过程中就能够看到受众对于某些特定画面的需求，传、受双方及时的信息交换让用户感觉自身就处于直播现场，在满足大众好奇心的同时，也增强了对于直播平台的归属感，使其掌握更多话语的主动权。

（2）网络直播存在的问题与分析

电视新闻直播与网络手机端的融合发展是电视媒体扩充用户的方式，更是创新发展的一个方向，通过网络手机端的直播也可以让许多年轻用户了解电视媒体，在提升知名度的同时为电视扩充了流量。但在现阶段各类网络直播泛滥发展的态势下，移动客户端的直播也有许多需要注意的地方。

① 直播的专业性和权威性不足。

由于客户端直播打破了时间的限制，使得各类新闻资讯都能够在直播平台上显示。直播的时长在一定程度上打乱了观众对于重点问题的把握，由于大多数观众是信息的接受者，获取新闻的时间段又是碎片化的，只对新闻片段的了解对新闻的完整性有极大的考验，使得新闻直播的权威性不足。

② 直播内容泛娱乐化。

多数参与网络手机端直播的用户没有得到专业的培训,对新闻的敏感性不足,一些用户为了得到更多的关注和传播,在直播内容上不免选取低俗的镜头来吸引眼球,有时带有个人色彩的评判让新闻传播的观点背离现实,扰乱大众的视听。

12.4 基础技术

芯片是一种集成电路,由大量的晶体管构成。不同的芯片有不同的集成规模,大到几亿,小到几百、几十个晶体管。芯片在智能手机行业中拥有重要的地位,它是制造业的尖端领域之一,也是先进电子技术的代表。

12.4.1 集成电路的概念

集成电路(Integrated Circuit)是一种微型电子器件或部件。采用一定的工艺,把一个电路中所需的晶体管、电阻、电容和电感等元件及布线互连一起,制作在一小块或几小块半导体晶片或介质基片上,然后封装在一个管壳内,成为具有所需电路功能的微型结构;其中所有元件在结构上已组成一个整体,使电子元件向着微小型化、低功耗、智能化和高可靠性方面迈进了一大步。

集成电路

集成电路具有体积小、重量轻、引出线和焊接点少、寿命长、可靠性高、性能好等优点,同时成本低,便于大规模生产。它不仅在工、民用电子设备如收录机、电视机、计算机等方面得到广泛的应用,同时在军事、通信、遥控等方面也得到广泛的应用。用集成电路来装配电子设备,其装配密度比晶体管可提高几十倍至几千倍,设备的稳定工作时间也可大大提高。

1958年,美国得州仪器公司展示了全球第一块集成电路板(图12-7),这标志着世界从此进入集成电路时代。集成电路具有体积小、重量轻、寿命长和可靠性高等优点,同时成本也相对低廉,便于进行大规模生产。

图12-7 第一块集成电路板

集成电路芯片封装技术的应用,解决了集成电路免受外力或环境因素导致破坏的问题。

集成电路芯片封装是指利用膜技术及微细加工技术，将芯片及其他要素在框架或基板上布置、粘贴固定及连接，引出接线端子并通过可塑性绝缘介质灌封固定，构成整体立体结构的工艺。这样按电子设备整机要求机型连接和装配，实现电子的、物理的功能，使之转变为适用于整机或系统的形式，就大大加速了集成电路工艺的发展。

在此之后，超大规模集成电路应运而生。1967 年出现了大规模集成电路，集成度迅速提高；1977 年超大规模集成电路面世，一个硅晶片中已经可以集成 15 万个以上的晶体管；1988 年，16MDRAM 问世，1 平方厘米大小的硅片上集成有 3 500 万个晶体管，标志着进入超大规模集成电路阶段；1997 年，采用 0.25 微米工艺的 300 MHz 奔腾 II 问世，奔腾系列芯片的推出让计算机的发展如虎添翼，发展速度让人惊叹，至此，超大规模集成电路的发展又到了一个新的高度。2009 年，intel 酷睿 i 系列全新推出，创纪录地采用了领先的 32 纳米工艺，并且下一代 22 纳米工艺正在研发。集成电路小型化如图 12-8 所示。

图 12-8　集成电路小型化

在近 50 年的时间里，集成电路已经广泛应用于工业、军事、通信和遥控等各个领域。用集成电路来装配电子设备，其装配密度相比晶体管可以提高几十倍至几千倍，设备的稳定工作时间也可以大大提高。集成电路的集成度从小规模到大规模，再到超大规模的迅速发展，关键就在于集成电路的布图设计水平的迅速提高，集成电路的布图设计由此而日益复杂而精密。这些技术的发展，使得集成电路进入了一个新的发展阶段。

12.4.2　集成电路的分类

集成电路的分类方法主要包括以下几种：

（1）按功能分类

按其功能不同可分为模拟集成电路和数字集成电路两大类。

模拟集成电路用来产生、放大和处理各种模拟电信号。模拟信号，是指幅度随时间连续变化的信号。例如，人对着话筒讲话，话筒输出的音频电信号就是模拟信号，收音机、收录机、音响设备及电视机中接收、放大的音频信号、电视信号，也是模拟信号。

数字集成电路则用来产生、放大和处理各种数字电信号。数字信号，是指在时间上和幅度上离散取值的信号，例如，电报电码信号，按一下电键，产生一个电信号，而产生的电信号是不连续的。这种不连续的电信号，一般叫作电脉冲或脉冲信号，计算机中运行的信号是脉冲信号，但这些脉冲信号均代表着确切的数字，因而又叫作数字信号。在电子技术中，通常又把模拟信号以外的非连续变化的信号，统称为数字信号。

（2）按制作工艺分类

集成电路按其制作工艺不同，可分为半导体集成电路、膜集成电路和混合集成电路 3 类。

半导体集成电路是采用半导体工艺技术，在硅基片上制作包括电阻、电容、三极管、二极管等元器件并具有某种电路功能的集成电路。

膜集成电路是在玻璃或陶瓷片等绝缘物体上，以"膜"的形式制作电阻、电容等无源器件。无源器件的数值范围可以做得很宽，精度可以做得很高。但目前的技术水平尚无法用"膜"的形式制作晶体二极管、三极管等有源器件，因而使膜集成电路的应用范围受到很大的限制。在实际应用中，多半是在无源膜电路上外加半导体集成电路或分立元件的二极管、三极管等有源器件，使之构成一个整体，这便是混合集成电路。根据膜的厚薄不同，膜集成电路又分为厚膜集成电路（膜厚为1～10微米）和薄膜集成电路（膜厚为1微米以下）两种。

（3）按集成度高低分类

按集成度高低不同，可分为小规模、中规模、大规模及超大规模集成电路4类。

对模拟集成电路，由于工艺要求较高、电路又较复杂，所以一般认为集成50个以下元器件为小规模集成电路，集成50～100个元器件为中规模集成电路，集成100个以上的元器件为大规模集成电路。对数字集成电路，一般认为集成1～10等效门/片或10～100个元件/片为小规模集成电路，集成10～100个等效门/片或100～1 000元件/片为中规模集成电路，集成100～100个等效门/片或100～10 000个元件/片为大规模集成电路，集成10 000以上个等效门/片或100 000以上个元件/片为超大规模集成电路。

（4）按导电类型分类

按导电类型不同，分为双极型集成电路和单极型集成电路两类。

前者频率特性好，但功耗较大，而且制作工艺复杂，绝大多数模拟集成电路以及数字集成电路中的TTL、ECL、HTL、LSTL、STTL型属于这一类。后者工作速度低，但输入阻抗高、功耗小、制作工艺简单、易于大规模集成，其主要产品为MOS型集成电路。MOS电路又分为NMOS、PMOS、CMOS型。

12.4.3 集成电路的应用领域

集成电路已经广泛应用于计算机、通信、医学等各个领域。

（1）在计算机上的应用

随着集成了上千甚至上万个电子元件的大规模集成电路和超大规模集成电路的出现，电子计算机发展进入了第四代。第四代计算机的基本元件是大规模集成电路，甚至超大规模集成电路，集成度很高的半导体存储器替代了磁芯存储器，运算速度可达每秒几百万次，甚至上亿次基本运算。

计算机主要部分几乎都和集成电路有关，CPU、显卡、主板、内存、声卡、网卡、光驱等，无不与集成电路有关。并且专家通过最新技术把越来越多的元件集成到一块集成电路板上，并使计算机拥有了更多功能，在此基础上产生许多新型计算机，如掌上电脑、指纹识别电脑、声控计算机等。随着高新技术的发展必将会有越来越多的高新计算机出现在我们面前。

（2）在通信上的应用

集成电路在通信上应用广泛，诸如通信卫星、手机、雷达等，我国自主研发的北斗导航系统就是其中典型一例。

北斗导航系统是我国具有自主知识产权的卫星定位系统,与美国 GPS、俄罗斯格罗纳斯、欧盟伽利略系统并称为全球四大卫星导航系统。它的研究成功,打破了卫星定位导航应用市场由国外 GPS 垄断的局面。

将替代北斗导航系统内国外芯片的"领航一号",还可广泛应用于海陆空交通运输、有线和无线通信、地质勘探资源调查、森林防火、医疗急救、海上搜救、精密测量、目标监控等领域。

(3) 在医学上的应用

随着社会的发展和科学技术的不断进步,人们对医疗健康、生活质量、疾病护理等方面提出了越来越高的要求。同时依托于高新技术领域电子技术的各种治疗和监护手段越来越先进,也使得医疗产品突破了以往观念的约束和限制,在信息化、微型化、实用化等方面得到了长足发展。

随着集成电路越来越多地渗入现代医学,现代医学有了长足进步。在医学管理方面 IC 卡医疗仪器管理系统就是典型代表。IC 卡医疗仪器管理系统集 IC 卡、监控、计算机网络管理于一体,凭卡检查,电子自动计时计次,可实现充值、打印、报表功能。系统性能稳定,运行可靠;控制医疗外部关键部位,不与医疗仪器内部线路连接,不影响医疗仪器性能,不产生任何干扰;管理机与智能床有机结合,分析计次,影像系统自动识别,有效解决病人复查问题;轻松实现网络化管理,可随时查阅档案记录,统计任意时间内的就医人数。

12.4.4 集成电路发展趋势

随着集成方法学和微细加工技术的持续成熟和不断发展,以及集成技术应用领域的不断扩大,集成电路的发展趋势将呈现小型化、系统化和关联性的态势。

(1) 器件特征尺寸不断缩小

自 1965 年以来,集成电路持续地按摩尔定律增长,即集成电路中晶体管的数目每 18 个月增加一倍。每 2~3 年制造技术更新一代,这是基于栅长不断缩小的结果,器件栅长的缩小又基本上依照等比例缩小的原则,同时促进了其他工艺参数的提高。预计在未来的 10~15 年,摩尔定律仍将是集成电路发展所遵循的一条定律,按此定律,CMOS 器件从亚半微米进入纳米时代。

(2) 系统集成芯片(SOC)

随着集成电路技术的持续发展,不同类型的集成电路相互镶嵌,已形成了各种嵌入式系统和片上系统技术。也就是说,在实现从集成电路到系统集成的过渡中,可以将一个电子子系统或整个电子系统集成在一个芯片上,从而完成信息的加工与处理功能。SOC 作为系统级集成电路,它可在单一芯片上实现信号采集、转换、存储、处理和 I/O 等功能,它将数字电路、存储器、MPU、MCU、DSP 等集成在一块芯片上,从而实现一个完整的系统功能。SOC 的制造主要涉及深亚微米技术、特殊电路的工艺兼容技术、设计方法的研究、嵌入式 IP 核设计技术、测试策略和可测性技术以及软硬件协同设计技术和安全保密技术。SOC 以 IP 复用为基础,把已有优化的子系统甚至系统级模块纳入新的系统设计之中,从而实现集成电路设计能力的第四次飞跃,并必将导致又一次以系统芯片为特色的信息产业革命。

（3）学科结合将带动关联发展

微细加工技术的不断成熟和应用领域的不断扩大，必将带动一系列交叉学科及其有关技术的发展，例如微电子机械系统、微光电系统、DNA 芯片、二元光学、化学分析芯片以及作为电子科学和生物科学结合的产物——生物芯片的研究开发等，它们都将取得明显进展。

（4）未来应用

应用是集成电路产业链中不可或缺的重要环节，是集成电路最终进入消费者手中的必经之途。除众所周知的计算机、通信、网络、消费类产品的应用外，集成电路正在不断开拓新的应用领域。诸如微机电系统、微光机电系统、生物芯片（如 DNA 芯片）、超导等，这些创新的应用领域正在形成新的产业增长点。

习题 12

12-1　智慧终端与网络有什么样的关系？

12-2　典型的智慧终端有哪些？各有什么优势？

12-3　集成电路的概念是什么？

12-4　集成电路有哪些分类？

参 考 文 献

[1] 邓谦，曾辉. 物联网工程概论［M］. 北京：人民邮电出版社，2019.
[2] 武志学. 大数据导论思维、技术与应用［M］. 北京：人民邮电出版社，2019.
[3] 周苏，张泳. 人工智能导论［M］. 北京：机械工业出版社，2020.
[4] 丁艳. 人工智能基础与应用［M］. 北京：机械工业出版社，2021.
[5] 程显毅，任越美，孙丽丽. 人工智能技术及应用［M］. 北京：机械工业出版社，2020.
[6] 李开复，王咏刚. 人工智能［M］. 北京：文化发展出版社，2017.
[7] 吴军. 智能时代［M］. 北京：中信出版社，2016.
[8] 何志红，孙会龙. 虚拟现实技术概论［M］. 北京：机械工业出版社，2019.
[9] 郝巧梅. 工业机器人技术［M］. 北京：电子工业出版社，2016.
[10] 赵春江. 智慧农业发展现状及战略目标研究［J］. 智慧农业，2019（1）：1－7.
[11] 张建华. 农业传感器技术研究进展与性能分析［J］. 农业科技展望，2017（1）：38－48.
[12] 张平. 5G 若干关键技术评述［J］. 通信学报，2016（7）：15－27.